日本の近代地形図の始まり
―明治前期フランス地図測量技術の導入とその後―

細井將右 著

風間書房

日本の近代地形図の始まり

―明治前期フランス地図測量技術の導入とその後―

目　次

はじめに ……………………………………… 1

第1章　明治、近代地図測量作業揺籃期の概況………… 4

第2章　明治前期フランス地図測量技術の導入とその後のあらまし……………………………… 9

第3章　実務的な工兵教師ジュルダン ……………… 17

第4章　陸軍士官学校初代工兵教師ヴィエイヤール…… 51

第5章　クレットマンとクレットマンコレクション…… 60

第6章　『兵要測量軌典』とルアーグルの『地形測図学教程』………………………………………… 84

第7章　明治20年代までの『工兵操典』地図測量関係の部……………………………………………… 95

おわりに ……………………………………… 108

関連文献 ……………………………………… 115

補遺　外国の事例

第1章　フランスにおける近代地図作成……………… 120

第2章　プロイセン王国（ドイツ）における近代地図作成……………………………………………… 142

第3章　アグスチン・コダッシとベネズエラ・コロンビアの地図………………………………………… 160

第4章　ベネズエラ共和国自然政治アトラスについて
　　　　………………………………………………… 170

はじめに

　19世紀、地図先進国、フランス、イギリス、ドイツのプロイセンなどでは地形図は主に陸軍が作成しており、我が国でも明治前期フランス陸軍から地図測量技術の導入が行われた。

　1922年発行の『陸地測量部沿革誌』では明治7（1874）年の参謀局第六課の項で「雇佛人ジョルダン等亦之ニ参與シタルモノノ如シ」とあり、1931年発行の高木菊三郎著『日本地図測量小史』では「佛國武官ジョルダン（如爾檀）を聘して、近世式地圖、及び測圖の方法を酌定及し、範式及び諸式を大成した。茲に於て我國に、佛國制による測量が起こった」と記しており、1970年発行国土地理院監修の『測量・地図百年史』でも明治7年の記述で「このころ陸軍は主として仏国武官ジョルダンより、仏式測量の指導を受けていた」と記しているが、ジョルダンについては仏国武官であること以外は殆ど知られていなかった。

　筆者は、国土地理院ほか国の機関で長く勤務したのち、創価大学教育学部で、地理学教育を担当した。退職数年前の夏休みに2か月ほどフランスの国立地理調査所などで在外研究を行う機会があり、現地でこの件について調査することとした。

　フランスの国立地理調査所で、その前身の陸軍資料部職員であったのではないかと思い尋ねたところ、日本に派遣されたそういう職員はいないということで、陸軍歴史部公文書館で調べ

ることを勧められた。

陸軍歴史部公文書館で調査したところ、上記「ジョルダン」は工兵大尉 JOURDAN ジュルダンで、明治政府招聘の第二次フランス政府派遣陸軍顧問団（1872-1880）の一員で、幕末の第一次（1867-68）に続き2度目の来日、1年遅れで工兵大尉ヴィエイヤールも来日し陸軍の兵学寮や士官学校で教育訓練を行ったことなどが判明した。帰国後、日本（国際）地図学会や『創価大学教育学部論集』で『明治初期フランス地図測量教育者ジュルダンとヴィエイヤールについて』として報告した。

なお、ジュルダンの表記について、明治6（1873）年の『地圖彩式』では如爾檀であるが、図3-9ほかの海岸防禦計画地図への本人押印の朱角印や、明治9（1876）年の陸軍省年報ではジュルダンとなっている。

フランスの地図測量技術の導入に関連して、その後、折にふれて、日本の国立国会図書館や東京大学史料編纂所、国立公文書館、防衛省史料室、偕行文庫、フランスの国立地理調査所、三軍統合後改名の国防省公文書館、フランス国立図書館、フランス学士院図書館、コレージュ・ド・フランス日本学高等研究所、士官学校文献センターなどに出向き、それまで知られていなかった事実が発見されるたびに日本（国際）地図学会、創価大学教育学部論集や日本地理学会などで報告してきた。

本書は、明治の地図測量揺籃期の概況に続いて、副題のフランス地図測量技術の導入とその後に関連して、明治5（1872）年から同26年の期間について、筆者がこれまでに報告してきたものからとりまとめたものである。

補遺として、参考までに海外の事例、日本の近代地形図作成

に関係の深いフランスとドイツ（プロイセン王国）の事例、それから海外技術協力で滞在したことのある南米、ベネズエラとその隣国コロンビアにおける19世紀初中期、アグスチン・コダッシの地図・アトラス作成の活動とその後、及び彼のベネズエラのアトラスについて、かつて報告したものから加筆し収めている。

　なお、本書に収載した地図（部分）は、とりまとめに際し、紙面の都合により、図3-16以外は、全般に縮小表示している。

明治、近代地図測量作業揺籃期の概況

　我が国で、明治維新後、最初の陸地の測量地図作成機関としては、民部省（地理司）や工部省（測量司）、兵部省（間諜隊）などがあるが、明治初期は政府組織の改編が激しく、明治5（1872）年、兵部省は陸軍省と海軍省に分かれ、明治7（1874）年頃の状況では、内務省（地理寮、明治10年から地理局）と陸軍省（参謀局など）、北海道の開拓使などとなっていた。

　工部省測量司では明治5年からイギリス人マックウェンの指導を受け、東京府の三角測量にとりかかっていたが、その後、内務省地理寮が民部省地理司や工部省測量司などの測量地図作成事業を引き継ぎ、イギリス式によって、東京・大阪・京都および開港5港などの主要都市の市街図作成に努め、また全国三角測量の事業に取り掛かっていた。

　『陸地測量部沿革誌』によると、陸軍省では、地理地図関係では、最初地誌などの編集、地図や図書の出版などが主であったが、明治6年頃から「全國主要地域ノ實測着手ノ企圖ガアリ」、明治8年秋の習志野原での野営演習での地形図作成のころから実測地図が作られるようになった。

　『陸地測量部沿革誌』の「第1編　維新前後ヨリ陸地測量部設立ニ至ル」の陸地測量部設立以前の記述の中で、明治7年、陸軍省参謀局中に「第五（地圖政誌）課第六（測量）課ノ二課ヲ設ケラレ」、「第五課ハ本邦地圖ノ調製地誌ノ編纂隣邦地理ノ講

究ヲ掌リ第六課ハ必要ナル地域ノ実測ヲ掌ル」とある。現地測量により地図を作成する陸軍参謀局第六（測量）課は長嶺課長の下に、福田、古川、渡部、早川等のほか築造局からの小菅、小宮山、関、「雇佛人ジョルダン等亦之ニ参与シタルモノノ如シ」とあり、ジュルダンは参謀局第六課でも仕事をしていたようである。

明治9（1876）年については、第五課は「伊能圖ノ模寫ニ着手シ」、第六課は「函館、新潟、七尾、敦賀等ノ海湾並ニ那須野ノ局地圖ヲ完成」とあり、第五課では業務の一部として伊能図の模写、第六課では函館ほか日本海側の3海湾等の調査、地図作成を行ったことが述べられている。佐藤（1991）によると、この調査にはフランス人教師と田島応親や長嶺課長、牧野、渡部、後に陸地測量部の初代製図科長となる早川ほか、早乙女、矢島等が出張したようである。

西南戦役で、陸軍参謀局や教導団により多数の地図が作成されたが、中央政府軍が、予め作成された正確な地図の不足で苦戦した経験から、早急に地形図を整備する必要性が陸軍省で認識された。

明治11（1878）年12月、参謀局が廃止されて参謀本部が設置され、第五課は同本部地図課、第六課は測量課と改称された。

そして翌明治12年11月その測量課長に小菅智淵少佐が陸軍士官学校教官から兼務で任命された。彼は全国測量計画を企て、「全国測量一般の意見」を上司に具申したが、山縣有朋参謀本部長は経費の面で難色を示したので、小菅は三角測量を基礎としない「全国測量速成意見」を提出し承認された。これに基づき、測量課で『測量概則』を制定、関定暉工兵大尉がフランス

の砲兵・工兵応用学校の教科書を参考にして『兵要測量軌典』を編纂した。これらに基づいて、1880年代に、手始めに関東地方で縮尺1:20,000でフランス式の彩色迅速測図の手描き原図が作られた。これは都市地域に限らない広域の近代的な地形図としては、わが国で最初のものである。これは後に、同縮尺、黒1色で印刷された。他のいくつかの地域でも、三角測量に基づく正式の地形図作成の前に、応急的に迅速測図が作成印刷された。

『陸地測量部沿革誌』によると、明治16（1883）年、参謀本部測量課に大地測量部（翌年三角測量課）と小地測量部（翌年地形測量課）が発足した。大地測量部では前年ドイツから帰朝の田坂虎之助の方針で「専ラ獨逸陸地測量部ノ法式」に準拠した。小地測量部では、フランス式による彩式の渲彩図式からドイツ式に基く一色線号図式に換えることとした。全国的な地形図作成事業はドイツ（プロイセン王国）方式に転換することとなった。

明治17（1884）年6月、内務省地理局の三角測量業務が参謀本部へ移管され、地形図作成作業が全面的に参謀本部に一元化されることとなった。同年9月、参謀本部に三角測量課、地形測量課、地図課から構成される測量局が設置され、初代局長に小菅智淵が就任した。

さらに明治21（1888）年5月、地形図作成作業専門の陸地測量部が参謀本部外局として設置され、次第に三角測量に基づく正式の地形図が整備されるようになった。

その構成は、部長の下、三角、地形、製図の3科と技術員養成の修技所から成り、初代の部長は小菅智淵、三角科長は田坂

虎之助、地形科長は関定暉、製図科長心得は早川省義であった。このうち、田坂以外は、ジュルダン、ヴィエイヤールと関係がある。

　小菅智淵は、旧幕臣、関定孝の次男で、小菅家に嫁した叔母に男児がなく、養子となり小菅家を継いだ。開成所に勤め、工兵学の重要性を感じていて、第一次陸軍顧問団の際、フランス教師から学んだようで、ジュルダンから学んだ可能性が強い。明治維新後、兵学寮でジュルダン持参の図式を基に、川上寛、原胤親と共同で『地図彩式』、フランス連隊学校用教科書から同僚と共同で『工兵操典』をまとめ上げた。明治8（1875）年の習志野原野営演習の際は、陸軍士官学校教官として第六組で参加している。小菅智淵はこの後、さらに明治12年からは陸軍参謀本部測量課長、明治17年測量局長、明治21年5月初代陸地測量部長となり、日本の地図測量作業を先導してきたが、惜しくも、地方作業巡視中に病に冒され、同年12月、名古屋陸軍病院で歿した。

　関定暉は図4-1の「習志野原西南地方之圖」の作成者である。小菅智淵の実弟で、当時は教導団教官であったが、後に士官学校教官となり、明治11年参謀本部測量課に小菅に続いて移り（小菅が課長）、その後、工兵大尉のとき、2万分1迅速測図の測量方法を規定した『兵要測量規典』（明治14年刊行）を編集し、さらに明治17年測量局地形課長心得、明治21年陸地測量部が設立されたとき、初代の地形科長となり、後に神谷姓に変わるが、明治31（1898）年退役するまで、我が国の地形図作成作業の礎を築いた。

　早川省義は、ジュルダンらフランス人教師たちと国土防衛拠

点調査に各地に赴いたが、その後も関東地方の迅速測図作業など陸軍の地図作成関係に従事し、陸地測量部では初代製図科長となり、明治36年卒去するまでその職にとどまり、陸地測量官養成の修技所創設ほか、地図製図編集作業を先導した。

明治前期フランス地図測量技術の導入とその後のあらまし

19世紀、ヨーロッパの地図先進国、フランス、イギリス、ドイツなどでは、主に陸軍が地形図作成を担っていた。

わが国では、初めに、江戸幕府が幕末にフランス軍事顧問団を招聘したのに続き、明治維新政府もフランスから陸軍の軍事顧問団を招聘し、この顧問団は明治5（1872）年から同13年にかけて、歩兵、騎兵、砲兵、工兵など各科にわたり教育を行い、近代化に貢献した。

地図測量技術については、工兵技術教育の一環として教育が行われた。

フランスの地図測量技術の導入の流れの概要を、年表的にこれまでに明らかになっている範囲で、全体の流れとともに辿っていくと、

嘉永6（1853）年　ペリー艦隊来航。
安政元（1854）年　日米和親（神奈川）条約。
　　　ペリー艦隊下館港、函館湾測量。
安政5（1858）年　日仏修好通商条約締結。
慶応3（1867）年1月　幕府招聘によりフランス第二帝政政府派遣第1次陸軍顧問団到着。1867年から幕府倒壊により1868年まで。首長　シャノワン陸軍参謀大尉（後

に陸軍大臣)ほか歩兵、騎兵、砲兵士官・下士官など計19名。

慶応3(1868)年12月　王政復古の大号令。

同年12月　工兵中尉ジュルダン A. JOURDAN (1840-1898)は約1年遅れで来日。

慶応4(1868)年1月　鳥羽・伏見の戦い。

　　同年3月　幕臣小菅智淵(1832-1888)(後に初代陸地測量部長)工兵頭並に。工兵中尉ジュルダンと接触ありか。

同年4月　江戸城無血開城。

同年6月　ジュルダンは幕府倒壊により出国、アメリカ廻りで1869年3月フランスに到着。

明治3(1870)年　太政官は陸軍は仏式、海軍は英式と布告。

明治5(1872)年　兵部省が陸軍省と海軍省に分離。

　　同年　明治政府招聘によるフランス第三共和政政府派遣第2次陸軍顧問団が到着。

明治5(1872)年‐明治13(1880)年　首長　当初マルクリ陸軍参謀中佐(事故あり、中途でミュニエ陸軍参謀中佐(在日中に大佐)に交代)、以下、歩兵、騎兵、砲兵、工兵士官・下士官など1872年当初計16名。

　工兵士官としては最初に、
　　ジュルダン JOURDAN　1872-1878
　その後
　　ヴィエイヤール VIEILLARD　1873-1876
　　クレットマン KREITMANN　1876-1878

ほか2名。

　これらの士官はフランスのエリート校たるエコール・ポリテクニク卒業、次いで砲工学校で工兵教育を受けているが、地図作成機関での勤務経験はない。わが国では、陸軍の教育機関勤務。当初は兵学寮　明治7・8年に兵学寮が士官学校、教導団、幼年学校に分かれた後は士官学校などに勤務した。

　ジュルダンは、兵学寮などでの教育のほか首長指示により、陸軍士官学校校舎ほか陸軍施設の建設、日本海岸防禦法調査などにも関係した。明治7（1874）年には，この調査団の基図作成指導のため参謀局を訪れていたことが考えられる。

フランス地図測量技術関連についてさらに細かく見ると、
明治6（1873）年　『地図彩式』発行（第3章参照）。
明治7（1874）年から1877年にかけて、日本海岸防禦法調査と報告書及び付属地図作成（ミュニエ首長及びジュルダン工兵大尉、ルボン砲兵大尉）（第3章参照）。
明治8（1875）年　『工兵操典』測地之部発行。
　原書は、兵学寮での授業にジュルダン、ヴィエイヤールが用いた1855年仏国工兵連隊学校教科書で、小菅智淵、原胤親ほかが手分けして短期間に訳したもの。
　譯例77語、その中には、標定、基線、測鎖など現在も使われているものがある（第7章参照）。
　1/1万『習志野原及周回邨落圖』ヴィエイヤール指導により、秋の野営大演習の際に平板測量原図作

成。

　6組27名参加。小菅ほか陸軍士官学校教官が第6組として参加、全体統率、取り纏めか。

　翌明治9年編集図印刷。日本語表記のみ。

　小菅の実弟関定暉工兵大尉は教導団教官として第3組の長として参加（第4章　図4-1参照）。

　『陸地測量部沿革誌』附圖第四圖「最初ノ近世式地圖」はこの地図の南東部の原図の一部である。

　この編集印刷図はクレットマンコレクションのほか、国立国会図書館、国立公文書館にもある（第4章参照）。

明治9（1876）年　クレットマン工兵中尉来日。陸軍士官学校で、ヴィエイヤール工兵大尉の後任として授業。陸軍士官学校で『測地學講本』、『地理圖學教程講本』、『測地簡法』印刷。

　前2者は士官学校でのクレットマンの講義録。

　後者はフランス砲工学校教官グーリエの迅速測図の教科書の翻訳である。

　これらはフランスのコレージュドフランス日本学高等研究所クレットマンコレクションの中にある（第5章参照）。

　1/2万『習志野原及周回邨落圖』クレットマン指導、秋の野営演習の際に平板測量原図が作成され、翌年編集図が石販印刷された。図名、地名ともに日仏両語で表記され、他のフランス人教官の使用の便も考慮したかと思われる。

第2章 明治前期フランス地図測量技術の導入とその後のあらまし

クレットマンコレクションに印刷図がある（第5章参照）。

明治10（1877）年　西南戦争　迅速測図作成（『陸地測量部沿革誌』による）。

1/2万『下志津及周回邨落圖』クレットマン指導秋の野営演習の際に、平板測量原図作成。翌年編集図印刷。日仏両語で表記。

『陸地測量部沿革誌』附圖第五圖ノ三はこの原図の現在の佐倉市南部の一部である。

クレットマンコレクションに編集図の写真があり、四街道市役所に写しがある（第5章参照）。

以下、陸軍参謀本部の地図測量関係について、『陸地測量部沿革誌』によると、

明治11（1878）年　陸軍省参謀局の第五課と第六課から陸軍参謀本部の地図課と測量課に。

明治12（1879）年　小菅工兵少佐　陸軍士官学校教官を兼ねて11月18日測量課長に。

小菅課長は、三角測量と細分（平板）測量、暈滃表現による銅版印刷図を想定し、予算1000万円、10年で完成を期すという「全国測量一般の意見」を稟申した。山縣参謀本部長は大いにその主旨には賛同したが、経費上直ちにその実施に難ありということであったので、小菅課長は、第2の意見として、当時はまだ未熟な三角測量については検討することとし、陸軍士官学校で「地理図学」として授業が行われ既に明瞭に

なっている細分（平板）測量により迅速測図で描く、費用1年間20万円、10年で完成を期すという「全国測量速成意見」を提出し、12月18日認可された。

明治13（1880）年　1月　これを受けて、迅速測図法による『測地概則　小地測量之部』を定めた。全国的に軍事緊要のものを縮尺／2万分1図に、迅速測図法で細部測量、圖根測量2測板、細部測量8測板を合わせて1班とする。

　2月　大地測量事業取調係を新設し、工兵大尉関定暉十一等出仕矢島守一等が担当。

　仏国砲兵工兵学校の小地図学により、我が国の地形に検証参酌し主として関定暉工兵他愛が兵要測量軌典を編纂した（この小地図学は Lehagre の Cours de Topographie か？（第6章参照））。

　関東地方において測地概則、『兵要測量軌典』により縮尺2万分1で渲彩式の迅速測図を東京周辺から開始した。第1班（班長小宮山工兵大尉）を東京府下に、第2版（班長早川工兵中尉）を千葉県下に、第3班（班長渡部工兵中尉）、第4班（班長川村益直工兵中尉）を埼玉神奈川両県下に派遣した。

明治14（1881）年　上記『兵要測量軌典』を陸軍文庫で発行。測量課では、第5班を新設し、平行して、同年4月から8月にかけて、東京湾口において三角測量を実施。既成の図解的三角図根の精度を比較検定した結果、図解的三角圖根では精度が悪く、到底大地域に応用できないことが実証されたとして、小菅課長は今後の測量

方針改定の必要を認め、編製及び作業の方式に改正を加えるという意見を具申し、直ちに認められた。

明治15 (1882) 年　測量課に大地測量班1個を新設、工兵大尉関定暉が主幹となり、先ず伊豆相模駿河甲斐に亘る大地測量の方針を立てた。

　9月初旬から10月初旬にかけて、関定暉工兵大尉、矢島守一十一等出仕らによる相模野基線測量実施。

　11月　田坂虎之助工兵大尉がドイツにおける三角測量作業の攻究を終え帰朝。

明治16 (1883) 年　2月28日　測量課を2部に分ち、大地測量長心得に田坂虎之助工兵大尉、小地測量長に関定暉工兵少佐。

　大地測量　前年帰朝の「田坂測量長専ラ獨逸陸地測量部ノ法式」。

　小地測量　仏国式による渲彩図式から独逸式に基づく一色線号式へ。

明治17 (1884) 年　6月　内務省の大三角測量事務が参謀本部の管轄に。

　9月　参謀本部に測量局を設け、その下に三角測量、地形測量、地図の3課。

明治21 (1888) 年　参謀本部測量局から参謀本部陸地測量部へ。その下に、三角、地形、製図の3科。

　以上、『陸地測量部沿革誌』により、陸軍参謀本部の測量関係について見たが、上述のように、明治16 (1883) 年、参謀本部の地形図測量はフランス式の工兵測量からドイツ式に

転換した。しかしそれ以外の工兵測量は引き続きフランス式を採用している。

明治22（1889）年　『工兵操典第二版』測地之部。陸軍大臣
　　大山巌の陸達書付き。原書は1883年のフランス工兵連
　　隊学校教科書（第7章参照）。
明治26（1893）年『工兵操典』測量之部。
　　陸軍大臣大山巌の陸達書付き。フランスに原書なし。
　　それまでに導入したフランス地図測量技術を咀嚼して
　　作成（第7章参照）。

となる。

　これ以後、自力発展、適宜に新技術採用と云えようが、陸軍士官学校の地図測量の教科書『地形學教程』には少なくとも明治40年代まではフランス語の器具名が複数見られる。

実務的な工兵教師ジュルダン

3-1 ジュルダンの履歴

『測量・地図百年史』の「ジョルダン」は、フランス国防省公文書館の文書によると、JOURDAN, Claude Gabriel Lucien Albert で、ジュルダンである。

1840年12月　リヨン生まれ。

1859年11月　当時パリ都心カルチエラタンにあった理工学校École Polytechnique 入学。

1861年10月　当時フランス東部メスMetzにあった砲工科応用学校École d'application de l'artillerie et du génie に入学。建築学、築城術を修め、1863年10月2等中尉。

1864年2月　メスの第3工兵連隊に配属。同連隊は1864年8月から1866年10月までイタリア、ローマ方面に派遣。

1867年2月　フランス北部、ダンケルクの参謀。

1867年12月　日本（徳川幕府）へのシャノワンChanoine陸軍参謀大尉を首長とする第1次陸軍顧問団に遅れて参加。徳川幕府が大政奉還で消滅したので、1868年アメリカ廻りで1869年3月帰国。

1869年9月　アルジェリアへ。1870年7月帰国。

1870年8月　ライン軍団第6部隊へ配属。同年9月フランス東北部スダンで普仏戦争捕虜、講和成立後1871年4月リヨ

ンへ帰還。

明治5（1872）年3月　日本（明治新政府）へのマルクリ Marquerie 陸軍参謀中佐を首長とする第2次陸軍顧問団に参加（工兵大尉）、明治11（1878）年7月帰国で、2回目の日本滞在は約6年間であった。

その後はアルジェリアに3年余りのほかは、リヨンやヴェルサイユの勤務で、1894年工兵少将となり、1898年没した。

以上、来日までの履歴を中心に見たが、上述のように、彼は1860年代と1870年代の2回来日した。工兵教育を受け、工兵として活動した。フランスの当時の地図作成機関である陸軍資料部 Dépôt de la Guerre などは経験していないが、築城や架橋など工作物建設の必要から現場的な測量地図作成は工兵の業務の一部であったであろう。

3-2　第1次陸軍顧問団における活動

日本滞在が短く、系統的な活動はできなかったであろうが、後に兵学寮で共に働く小菅智淵が工兵志向で、当時仏人から学んだと述べているその仏人ではないかと思われる。

3-3　第2次陸軍顧問団における活動

ジュルダンは、第2次フランス陸軍顧問団員として、幕末の第1次に続いて1872年来日し、初め兵学寮において工兵教育に従事するとともに、小菅智淵、川上寛、原胤親らとともに『地圖彩式』を著し、これは明治6（1873）年、陸軍文庫から刊行された。その後、工兵大尉として、砲台による海岸防衛計画、陸軍士官学校校舎や兵舎ほか構造物設計を行った。

第3章　実務的な工兵教師ジュルダン　19

　ジュルダンは日本滞在中、渡邉（1928）によると「奉職場所教師首長ノ定ニ任ス、職務　教師首長ノ命ヲ奉ス、月給350円、明治7年後500円」となっている。

　彼は、上述のように首長を補佐して臨機応変に動き、到着当初は兵学寮などで地図測量を含む工兵教育関係の仕事をしたようである。因みに兵学寮は新政府の軍教育機関で、旧幕臣を抱えていた静岡（徳川）藩の沼津兵学校も併せたが、明治7（1874）年末の陸軍士官学校設立の後、明治8年5月に廃止された。

　兵学寮では、フランスの下士官教育のための工兵連隊学校の教科書を用いて、ヴィエイヤールと分担して、工兵科全般の授業を行い、その訳が最初の工兵操典10巻となっている。『工兵操典』については第7章で述べる。

　ジュルダンは、首長のマルクリ中佐が病気により予定より早く帰国し、後任のミュニエ Munier 陸軍参謀中佐（首長在任中、後に大佐になる）が着任するまで約6か月間、首長不在時に首長代理を務めたほか、ミュニエ首長の1874年8月3日付け公信によると、陸軍の全施設の建設工事の責任者であった。

　佐藤侊（1991）によると、明治7（1874）年8月中旬から10月下旬まで西国海岸測量のため、大阪、神戸、兵庫、下関、鹿児島地方にフランス側は首長のミュニエ参謀中佐、ルボン砲兵大尉と、日本側は田島応親、牧野毅、黒田久孝、福田半陸軍大尉、桑野庫三、竹下重太郎、竹林靖直、赤羽、古川、中村、早川省義少尉と出張し、12月に測量検分のために福田、伊藤と築城関係第4局の古川と早川省義と出張した。

　明治8（1875）年8月には佛人3人と原田一道、黒田久孝、

渡部当次、早川、ほかに矢島ら3人による四国中国海岸新旧位置測量出張があり、この佛人はジュルダンを含む上記3人と思われる。彼は明治9（1876）年7～9月に、田島、牧野、渡部、早川、三原、長嶺、早乙女、矢島らと、函館湾、新潟港、七尾湾、敦賀湾、宮津湾の測量と伏木～高岡間の視察など、国土防衛のためのいくつかの砲台建設候補地の測量調査を行った。これら測量調査の際に上記日本人関係者ほかに多かれ少なかれ測量地図作成の現場技術移転があったものと思われる。

3-4 『地圖彩式』について

『地圖彩式』は明治6（1873）年陸軍文庫から出版された。おおまかに云って、藤黄 gomme gutta、洋紅、洋青 bleu de prusse、烏賊魚黒 sepia、唐墨 encre de chine などの顔料の混合使用で、田園、ブドウ園、牧場、樹林などをいろいろな緑色、河川・海を青色、砂地を橙色、人家を紅色など、土地利用の色分け表示や斜崖など地形を示す図式表である。ジュルダンがフランスから持参した図式を基に小菅智淵、川上寛、原胤親が同製、ジュルダン閲となっている。漢字変体仮名交じり文である。後に、新潟港（図3-22）、敦賀湾（図3-15）などの彩色地図にこの図式を適用しているように思われる。

3-5 『日本海岸防禦法考案』について

陸軍卿山縣有朋は、フランス陸軍顧問団長に日本海岸防禦法について諮問し、明治7・8年南部海岸、明治9年西北海岸の調査が日本側軍人とともに実施され、附図を伴った報告書が提出された。

第3章　実務的な工兵教師ジュルダン　21

　東京大学史料編纂所に『日本海岸防禦法考案』の写しが史談会採集資料として収蔵されている。

　これは、フランス政府派遣第2次陸軍顧問団が日本政府に提出したものを日本側で翻訳したものである。手書きの和装本で巻之一、巻之二の2冊から成る。この2冊に、『日本国南部海岸防禦法案』と『日本西北海岸防禦法ノ説』を収めている。

　報告書仏文原稿と附図はこれまでのところ国内では知られていない。

　『日本国南部海岸防禦法案』は5編から成り、その構成及び各編部文末記載の完成日は次の通りである。

　第一編　総論　　　　　　　　　　　　1875年1月15日
　第二編　長崎街衙湊港ノ防禦法　　　　1875年2月15日
　第三編　東京街衙海湾及ヒ横須賀製鉄所防禦法
　　　　　　　　　　　　　　　　　　　1875年7月31日
　第四編　内海通航路及ヒ大阪街衙防禦法
　　　　　第一部　内海、大阪　　　　　1875年11月20日
　　　　　第二部　下関海峡　　　　　　1876年2月1日
　　　　　第三部　豊後海峡　　　　　　1876年5月4日
　　　　　第四部　備後海峡　　　　　　1876年5月19日
　第五編　鹿児島街衙湊港ノ防禦法　　　1876年7月12日
　『日本西北海岸防禦法ノ説』は、訳語不揃いのところがあるが、同様に
　　第一篇　函館港及ヒ其府ニ係ハル防禦　1877年2月23日
　　　　　　　　　　　　　　　　　　　（送り状日付）
　　第二篇　新潟港及新潟府ノ防禦　　　1877年2月20日

第三篇　七尾港ノ防守	1877年5月3日
第四篇　敦賀湊ノ防禦	1877年6月8日
第五篇　宮津港ノ防禦	1877年7月20日

から成る。

2冊のうちの巻之一に『日本国南部海岸防御法案』の第一編から第四編の第二部まで、巻之二に、第四編の第三部、豊後海峡ノ防禦、第四部、備後海峡之防禦、第五編、および『日本西北海岸防禦法ノ説』全五篇を収めている。

3-6　フランス国防省公文書館の第2次陸軍顧問団関係資料中の『日本海岸防禦法』南部海岸防禦法関連の地図と文書

　第2次陸軍顧問団に関するフランス国防省公文書館文書の中に、南部海岸防禦法案については、第四編の内海通航路で備後海峡と豊後水道、第五編の鹿児島湾関連のものがある。当公文書館所蔵の関連地図を東から見て行く。

1）備後海峡（三島灘と備後灘の間の諸水路）の地図
2）広島湾の地図
3）豊後水道の地図
4）鹿児島湾の地図

3-6-1　『三島灘と備後灘の間の諸水路』の地図

　図3-1は、フランス国防省公文書館に収蔵されている、ジュルダンらによる『Channels between MISIMA NADA and BINGO NADA』の図の今治市北西部波止浜付近の部分、

第 3 章 実務的な工兵教師ジュルダン 23

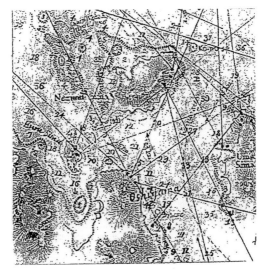

図 3 - 1 『Channels between MISIMA NADA and BINGO NADA』の部分

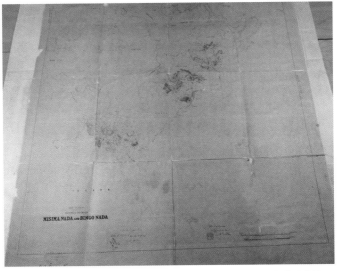

図 3 - 2 『Channels between MISIMA NADA and BINGO NADA』の全体

図3-2はその図の全体を示す。地図名は英文で、全体で『三島灘と備後灘の間の諸水路』ということになるが、三島灘がどこを指すのか現在の地図には見当たらない。大三島近辺の海を指すのか、図示地域は現在の「しまなみ海道」沿いの地域となっており、燧灘と連なっているように見える。

その報告書では、西方、九州方面から来襲する敵船を尾道・今治間の芸予諸島の線で防ぐため、大砲の設置場所・種類・数とその理由が述べられており、江戸1876年5月19日付で、首長のミュニエ中佐、ジュルダン工兵大尉、ルボン砲兵大尉の署名がある。フランス人の指導の下に多数の日本人関係者が共に作業を行い、技術伝習の機会となったと思われる。

図3-1の左下方の湾入部が波止浜でその湾口部に来島、その北に小島、東に馬島が描かれ、陸地斜面はケバで、海では水深、海底地形が黒で、そのベースの上に砲台建設予定地と射程が赤で表示されている。水深は最近の海図との比較から尋によるものと思われる。

図3-2の下方、中央左寄りに、上記の英文地図名、Yedo, le 18 mai 1876（江戸、1876年5月18日）、その下に Le Chef de la mission militaire（陸軍顧問団首長）、その下にミュニエの自署があり（図3-3上にその拡大図）、右寄りに Yedo le 18 mai 1876、その下に Le Capitaine du génie（工兵大尉）、その下にジュルダン自署、自署の左に「元彦根邸内ジュルダン」の朱角印、自署の右にスケールが上下2本あり、上は Kilomètres、下は Sea Miles を表示している（図3-3下にその拡大図）。縮尺は、スケールの5kmが約10.2cmに相当するので約1:49,000となる。

第3章 実務的な工兵教師ジュルダン 25

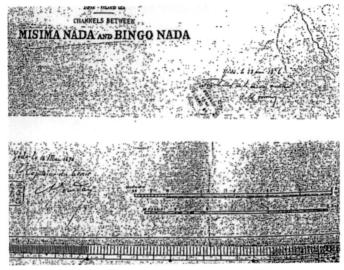

図3-3 上にミュニエ、下にジュルダンの署名

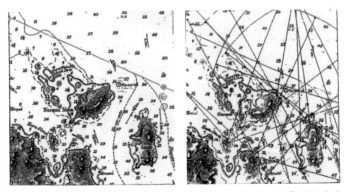

左の英国製海図「備後灘」(部分)(図3-4)を基に、右のジュルダンらによる「備後灘」(部分)(図3-5)が作成された

この図は、トレーシングペーパー上に描かれ、和紙で裏打ちされている。おおよそ紙の大きさは横83cm、縦103.5cm、図郭の大きさは横77cm、縦95cm である。褪色し、折り目部分は擦り減っている。

　ジュルダンらによる Channels between MISIMA NADA and BINGO NADA の図（図3-4、3-5では「備後灘」）は同名の1872年3月11日刊行の英国製海図 Admiralty Chart No.132 を基に作成されたことが図3-4、3-5の比較により理解される。この海図は、1869年に Brooker 中佐指揮下の英国船 Sylvia 号によるものである。

3-6-2　『広島湾』の地図

　ジュルダンによる豊後水道の資料があり、その中に豊後水道の地図と HIROSHIMA BAY「広島湾」の手描き測量図ほかが含まれており、それぞれの説明がある。

　図3-6は、第2次陸軍顧問団関係の文書の中で見つけたジュルダンの『広島湾』の地図である。

　この『広島湾』の地図は、海岸線、山地と平野の界線はよくできているように思われる。広島の海岸線は現況に比し、内陸寄りにあり、現在は陸続きである宇品（Wujina）や陸地内にある江波山（Yenami）が島として表現されているが、この違いは、明治以降の干拓・埋め立てにより陸地化したことによるものである。地図名が英語で表記され、また左下の距離尺はメートル法でなくマイルで表示されている。この地図の中心は広島湾で、後に呉軍港や江田島に海軍兵学校が建設される地域である。

第3章　実務的な工兵教師ジュルダン　27

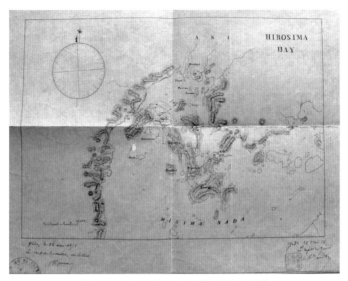

図3-6　ジュルダンによる『広島湾』の地図

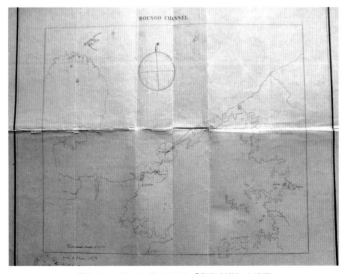

図3-7　ジュルダンによる『豊後水道』の地図

仏文手書きで、下左隅に「江戸、1876年5月26日　陸軍顧問団首長ミュニエ」、下右隅に「江戸76年5月26日　工兵大尉Aジュルダン」の表記、和文で「元彦根邸内ジュルダン」の朱角印がみられる。

因みに、元彦根邸は旧井伊藩邸のことで、当時教師館と呼ばれ、陸軍顧問団はここに滞在していた。現在の東京都千代田区三宅坂周辺、憲政記念館の辺りである。当時、陸軍省や兵学寮、教導団などは日比谷から和田倉門の間にあり、陸軍士官学校は市谷の旧尾張藩邸内に明治7（1874）年暮れ建設された。ジュルダンは、ミュニエ首長の1874年8月3日付公信によると、陸軍士官学校の建築に特にかかわっている。

3-6-3　『豊後水道』の地図

ジュルダンらによる『豊後水道』の地図"Boungo Channel"（図3-7）はモノクロで、トレーシングペーパー上に描かれ、和紙で裏打ち補強されている。図紙の大きさは縦478mm、横528mm、二重に図枠があり、内側の枠は縦292mm、工兵大尉AJourdanの署名と、下やや右寄りに「元彦根邸内ジュルダン」という日本語による朱角印がついてある。図の左寄り内枠と外枠の間に、フランス語で江戸、1876年5月26日、陸軍顧問団長Munierの署名が見られる。なお報告書本文は首長ミュニエ中佐、ジュルダン工兵大尉、ルボン砲兵大尉の連名となっている。四国の佐田岬と九州の高島の間の距離が長く、砲台建設より艦船による防禦を良しとしている。

この図は、ジュルダンらによる他の図に比べ簡略であるが、1872年刊行の英国製同図名の海図も同様である。海岸線が描か

れ、三崎半島西端とその西方の高島と関崎に砲台を築いた場合の射程の円を赤で描いている。陸上描写、水深データは無い。

3-6-4 『鹿児島湾之圖』

ジュルダンは明治7（1874）年8月中旬から10月下旬まで西国海岸測量のため、大阪、神戸、兵庫、下関、鹿児島地方に、陸軍顧問団首長ミュニエ中佐、ルボン砲兵大尉と、日本側の田島応報、牧野毅、黒田久孝、福田半、桑野庫三、竹林靖直、古川宣誓、早川省義、渡部當次ほかとともに出張したといわれている（佐藤、1991）。

『鹿児島湾之圖』は、鹿児島市街防衛のための砲台建設計画の調査報告書の附図であり、フランス国防省公文書館の第2次フランス陸軍顧問団関係資料の中に収められている。

仏文による調査報告書（控え）は手書き、表紙を入れて10枚で、文末に、1876年7月12日付で、団長ミュニエ中佐、ルボン砲兵大尉、ジュルダン工兵大尉の署名がある。

この報告書では、地域の地理的説明、1863年の薩英戦争の詳しい記述の後、鹿児島の地に、艦船所有の国内の敵、あるいは鹿児島湾を艦船避難のために奪いに来る外敵から守る防衛システム構築が肝要であるとして、鹿児島の町を守る、燃崎、沖小島など；鳥島、神瀬、砂揚場；袴越、洲崎、風月亭の3列の砲台防衛線と桜島の大正噴火以前に東岸に存在した水路の瀬戸村に砲台を築くことを具体的に提案している。

地図の紙の大きさは、横98cm、縦119cmで、大判の地図である（図3-8）。

図の下右に「鹿児島湾之圖」と日本字で表示しており、下辺

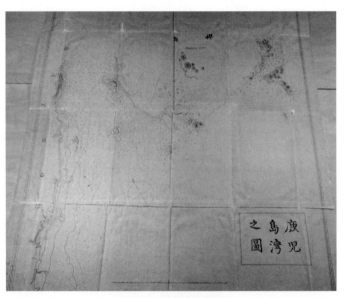

図3-8 『鹿児島湾之圖』

第3章　実務的な工兵教師ジュルダン　31

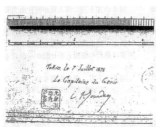

図3-9　　　　　　　　　図3-10　明治22年輯製図

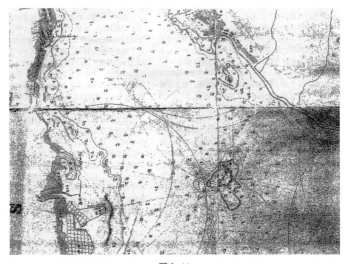

図3-11

中央にスケール、その下に仏文で「東京、1876年7月7日」「工兵大尉」とあり、その下に「A. Jourdan」の署名があり、その左に「元彦根邸内ジュルダン」の朱角印がついてある。他の地図には、団長ミュニエ中佐の署名があるのが通例であるが、この地図には見られない。明治9（1876）年完成提出で、西南戦争の前年である。

　スケールには距離単位が表示されていないが、5万分1地形図『鹿児島』との比較から、おおよそ2万分1と推定され、図2の上辺の物差しとの比較から大きい2目盛りが108mmに相当するので、1目盛りは1海里ではなく、メートル法で1km、縮尺はおおよそ1:18,500、1海里10cmに相当するものと思われる（図3-9）。

　鹿児島湾全体が対象ではなく、鹿児島市街の海岸と桜島周辺だけで、おおよそ図3-10（明治22年輯製図より）内の外枠部分である。

　この範囲の全体図化ではなく、上記数箇所の砲台建設予定地周辺を局地的に測量した成果を表した地図である。

　日本政府に提出した「正」の地図でなく、作業用の地図であるが、トレーシングペーパー上に基図が黒で描かれ、その上に砲台関連が赤で描き加えられている。この図は作成後よく使われたようで、和紙で裏張り補強されているが、使い古されて折り目が擦り切れている。

　図3-11は、当時の鹿児島市街から南へ甲突川河口とその東方、桜島との間の海の部分であり、おおよそ図3-10の内枠部分である。陸の部分では道路、市街地や農地、塩田（塩浜）砂揚場砲台跡が描かれ、漢字で風月亭、塩浜、砂揚場砲台他多数

第3章 実務的な工兵教師ジュルダン　33

図3-12　ジュルダンらによる図の鹿児島南部の甲突川河口付近

の地名が表記されているのに対し、仏語表記は少ない。海の部分では水深値が示されているが、これは桜島の大正噴火前、明治41（1908）年の海図と対照して、尋ではなく、メートル単位であると推定される。1点鎖線で20m等深線、点線で10m等深線を表している。

明治7（1874）年の夏期休暇中、8月中旬からの短期間の現地調査にしては、水深測定点数が多く、かつ地形描写も細かいので、何か基になる地図があったのではないかと思い探していたところ、わが国の海洋情報部、海の相談室で、『大日本海岸實測圖』集の中の『薩隅内海之圖』がジュルダンらによる地図と似ていることに気がついた。

図3-12はジュルダンらによる図の鹿児島南部の甲突川河口付近、図3-13は『薩隅内海之圖』の全体、図3-14は概略その対応部分である。

この地図は、海図第二六号で、明治5（1872）年、海軍水路

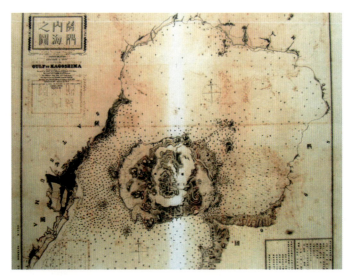

図3-13 『薩隅内海之圖』

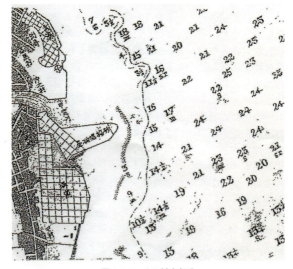

図3-14 その対応部分

局測量艦第二丁卯艦にて、海軍大尉・中村雄飛、海軍省出仕・五島国幹、海軍中尉・大類義長、海軍省出仕・吉田重親、海軍省出仕・児玉包孝が測量に従事、海軍省出仕・狩野守貞模図、海軍省水路寮附属・松田保信銅鍋の海図で、海の水深が尋で、陸の海岸付近の土地利用、山地斜面はケバで表示されている。縮尺は1:36,453と表示されている。明治天皇の明治5年の巡幸に先立って測量されたと云われている。

　この海図は明治7（1874）年3月に水路寮から刊行されており、ジュルダンらは、これを基におよそ2倍に引き伸ばし、海岸線と付近の陸部を写し、水深は尋をメートルに換算して適宜採択して表示したものと思われる。

3-7　日本西北海岸防禦法案関連の『敦賀灣』ほかの港湾地図について

3-7-1　フランス政府派遣陸軍顧問団から本国への港湾調査報告書について

　筆者は、フランスの国防省公文書館を再度訪れる機会があり、その際、標記の海湾調査に関係あると思われるものとして、フランス陸軍顧問団ミュニエ首長から本国フランス政府への活動報告書類の中に、函館、新潟、七尾、敦賀、宮津の各港湾の各々の状況とその防衛方法についての日本政府への仏文による報告文書とその付図として、強靭な透写性の和紙、あるいは洋紙（トレーシングペーパー）への地図の写しを見つけた。

　日本政府への報告文書は、防衛委員長ミュニエ中佐と防衛委員のジュルダン工兵大尉の共同執筆の形をとり、フランス語正文から日本側で和訳したものと思われるが、フランス政府への

写しは、例えば敦賀湾の報告書については、筆跡、および報告書共同執筆者ジュルダンについては signé とあるのみで本人の署名がないところから見てミュニエ中佐が筆写を行ったようで、その写しが正文と合致していることを陸軍顧問団首長ミュニエ中佐が証する形をとっている。

報告書は、日本政府お雇いフランス政府派遣陸軍顧問団が作成しているが、地図の作成については、地図に作成従事者の名前は記載されていないが、前述の『陸地測量部沿革誌』の記述の中で、地図の作成が明治9年の第六課の業務として述べられていることからみて、本図、写し図ともに、ジュルダンの技術指導の下に、第六課で長嶺課長以下、渡部、早川ほか港湾調査同行者が直接間接に作成に関係したものと考えられる。

明治10年（1877）2月西南戦争が勃発し、既存地図の収集編集により地図を作成する第五課で九州全図を作成したが、細部が詳らかでなく、現地測量で地図を作成する必要が生じたので、明治10年6月に第六課職員が全員九州へ出掛けることになるが、その出発準備にかかるまで上述の作業を継続し、敦賀湾、新潟港、函館湾のように完成、宮津港のようにほぼ完成しているものもあるが、七尾港のように未完成のままになったと思われるものもある。

ここではジュルダンの署名、朱角印のある『敦賀灣』の地図を中心に一部仏文報告書を参考にして概要を述べることとする。

3-7-2 『敦賀灣』の地図

図3-15にその地図のほぼ全体を示す。地図の図名は『敦賀

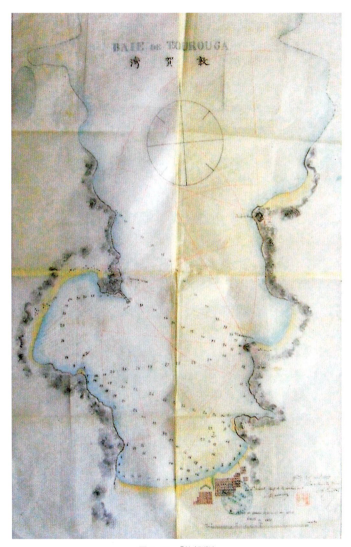

図 3-15 『敦賀灣』

灣』BAIE DE TSOUROUGA と地図の上部に表示されている。

『敦賀灣』の地図用紙全体の大きさは、おおよそ縦60cm、横45cmである。薄く強靭な半透明、透写性の和紙上に、黒（文字・数字、海岸線、地形表現のケバ）、黄土色（平地）、青（海面）、赤（集落、砲台関係など）の4色で鮮やかに描かれている。北の方向は図上で示されており、本図では北の方向は真上から左へ少し傾いている。

図3-16に、比較と地名などの参考のために、平成18年国土地理院発行の地勢図『岐阜』の対応部分を示す。両図を比較すると、図3-15は敦賀湾全体が対象ではなく、ほぼ南半分、東岸の阿曽と西岸の色浜以南が対象であることがわかる。急斜面がケバhachureで表示されている。図3-15の下部右寄りに敦賀の町が紅色で描かれている。西岸の鷺崎から東岸の松ヶ崎にかけて以南では測深点の列が横断方向や海岸沿いに数本認められる。測深点は全体で約120点ある。

湾の西方には西方ヶ岳764m、東方には鉢伏山762mの山地があり、海岸線は屈曲しているが、凹部では小河川が斜面を下り、山麓に小さな扇状地を広げている。

図3-15では、内陸部は描かず、海岸地域のみを描いているが、山麓の平地部分を黄土色、急斜面・崖の部分を黒色のケバで表現している。敦賀湾地域は高さ数百mの高地の中の窪地に海が入り込んでおり、湾奥の敦賀市街部を除き、平野が小さく、崖・急斜面の部分が多い。この地図では阿曽、色浜以南の対象地域についてそれを全面的に描いている。

図3-17に、この地図の右下隅の部分を示す。この部分図下端に見られるようにこの地図の縮尺は1:18,000である。その上

第3章　実務的な工兵教師ジュルダン　39

図3-16　平成24年国土地理院発行の地勢図『岐阜』の対応部分

に仏文で「水深数値はメートルで表示」とあり、その上に「中佐・陸軍顧問団首長ミュニエ」の署名、同首長の官印が青でついてあり、その右上に仏文で「江戸 Yedo、1877年4月25日」、その下に「工兵大尉ジュルダン　A.Jourdan」の署名と和文の「元彦根邸内　ジュルダン」の朱角印がついてある。『陸地測量部沿革誌』の記述と合わせ考えると、ジュルダンの指導の下に第六課職員が作成したものと思われる。

当時、既にわが国の多数の港湾についてイギリスによる海図作成が行われており、函館、新潟、七尾、宮津の港湾でも精粗まちまちの海図作成が行われていたようである。イギリスでは深度を fathom（尋）で表すが、本図はフランス人指導なのでメートルを用いている。なお、1920年の海図国際会議の結果、日本ではその後メートル式で表示するようになったが、全体がメートル式に書き換えられたのは1947年のことである。

報告書では、敦賀が日本海岸にあり、琵琶湖から21kmで、新潟の南から出雲までの10国の物産を、琵琶湖利用で京、大阪、神戸へ、また彦根から四日市への陸路を利用し、伊勢湾から江戸へ運ぶにも便利であり、夏季は南風が吹いて、舟運によいが、冬は強い北風のため、北へ長く伸びた湾に沖合から大波が押し寄せ、停泊に適していないと述べている。ただし、敦賀湾西部の常宮湾は比較的波穏やかで、冬季用に、小崎から沖合へ長さ150～200mの防波堤を建設することを提案し、地図上に、実際には存在しない突堤を描いている。

この地図と図3-16を比べると、この地図の対象地域外であるが、左上部、西岸の浦底集落の北にある浦底湾の方向が、図3-16では北西であるのに対し、この地図では西であり、現状

図3-17 『敦賀灣』の地図の右下隅部分にジュルダンの朱角印がある

と違っている。

　図3-18に、米国議会図書館所蔵の、伊能忠敬による伊能大図をデジタル複製した地図から周辺を示す。伊能大図原図の作成はこの地図より調査時期が70年余り前であるが、浦底湾の方向が西で、この地図と一致しており、ほかでも海岸線がよく似ている。前述のように、本図作成と同時期に第五課で伊能図の模写作業が始まっているところから、原図縮尺1:36,000の伊能大図の敦賀湾地域の部分を模写したものを第六課職員が現地に持参し、対象地域の点検を行い、変化部分は修正し、平地は黄土色、山地斜面はケバで表示したが、浦底湾付近は現地と違っていることから対象地域外として、未修正のままに残したことも考えられる。この地域の伊能大図模写図は、図3-18に見られるように、海岸線、地名、集落が中心で、小河川が薄く描か

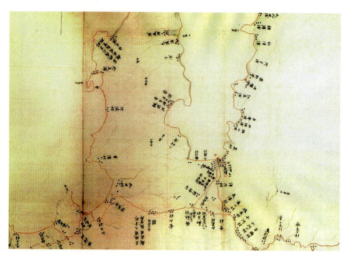

図3-18 伊能大図の対応部分

れているが、山地斜面は描かれていない。図3-15は伊能大図の2倍引き伸ばし図を基図として描かれたものと思われる。

『敦賀灣』の図ではフランス起源のメートル表示であり、また『水路部八十年の歴史』で、外国船による海図作成の海域に、敦賀湾は含まれていない。それで先行測深作業はなかったものと解して、現地作業期間・人員不詳の中、陸海軍両省分立後まだ4年で人的協力が行われていたか、フランス工兵は測深もできたか、など可能性を考え、ジュルダン指導の下に現地で約120点の測深を行ったものであろうと推定していた。

しかし、筆者は2010年の夏、英国旅行の際、英国水路部で偶然にジュルダンらによる『敦賀灣』の図の測深データの基になる英国製海図を見つけた。

件の海図は1876年5月10日発行の Admiralty Chart No 61.

第3章 実務的な工兵教師ジュルダン　43

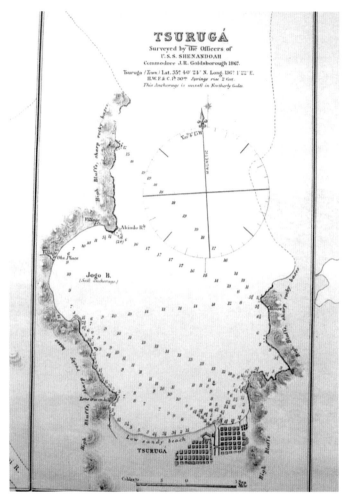

図3-19　英国製海図から『TSURUGA』

HARBOURS and ANCHORAGES on the NORTH・WEST COAST of NIPON Nanao, Tsuruga, Miyadsu で、1面内に4図が含まれ、そのうち、NANAO HARBOURS が上2/3を占めているが、下1/3に左から MIKUNI ROADS, TSURUGA, MIYADSU の3図が配置されている。

この TSURUGA（図3-19）がジュルダンらによる『敦賀灣』の図の測深データの基となっている。他の3図はイギリス船 Serpent 号が1867年に測量したものであるが、TSURUGA は米国船 Shenandoah 号が1867年に測量したものである。縮尺は、2海里が約49mm で、約1:75,600となる。ジュルダンらによる『敦賀灣』の図では、この海図を用いて fathom（尋）からメートル表示に変換し記入したものと考えられる。

3-7-3 『丹後國宮津灣港之圖』

図3-20に『丹後國宮津灣港之圖』BAIE DE MIYADSU を示す。『敦賀灣』と同様に薄く強靭な透写性の和紙を用い、縮尺は1:18,000である。黒（図郭線、地名、測深値、スケール、松林記号、陰影など）、薄墨（図名、海岸線など）、青（海面、河川）、赤（集落、砲台関係など）の3～4色で鮮やかに描かれている。紙の大きさはおおよそ縦76.5cm、横40cm である。図の下端中央に首長ミュニエ中佐の署名と円形の陸軍顧問団首長印、その右に、「東京 Tokio、1877年4月25日工兵大尉ジュルダン」の署名と彼の和文の朱角印が見られる。日付は『敦賀灣』と同じで、同日に校閲したのであろうか。

図の左側中央に矢羽根で北の方向を示しており、この図では北の方向が真上から左へ約40度傾いていることがわかる。

第3章　実務的な工兵教師ジュルダン　45

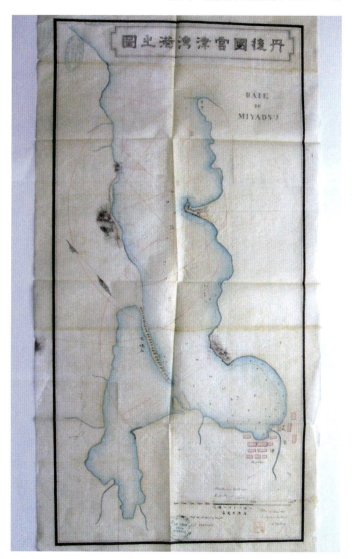

図3-20　『丹後國宮津灣港之圖』BAIE DE MIYADSU

図3-21 『函館港畧圖』Golfe de Hakodate

　日本文字は図名のほか、宮津、天橋立などがある。
　伊能大図の対応部分と比べると、海岸線の形、河川などはよく一致しており、この地図は、『敦賀灣』の地図と同様に伊能大図の2倍引き伸ばしを基図として描かれたものと思われる。
　宮津湾も特に西岸側は数百メートルの山地があり、急斜面が海岸に迫っている部分も多いが、砲台建設候補地の部分のみ崖・急斜面を丁寧にケバで表現しており、他の部分は海岸線のみで地形を表示しておらず、『敦賀灣』のような海岸地域全体の地形表現となっていない。西南戦争のための時間の不足によるものか。
　水深は、簡略に、細長い湾の中心線と湾奥部では海岸に沿っ

て測深値が列状に見られ、fathom（尋）で表示されている。湾奥部には等深線が一本描かれている。これら宮津湾の水深データは、敦賀湾と同じ英国水路部の Admiral Chart No.61に収められている、1867年英国海軍 Serpemt 号による分図 MIYAD-SU に基づいていると思われる。

3-7-4 『函館港畧圖』

図3-21に『函館港畧圖』Golfe de Hakodate を示す。和文図名は函館港畧圖であるが、仏文図名の通り函館湾全体が対象地域である。洋紙（トレーシングペーパー）上に縮尺1：36,450、地図としては黒1色、函館湾、函館山、亀田川ほかの河川、五稜郭などが描かれ、函館山部分は陰影による地形表現となっている。亀田川、五稜郭については日本語による注記が見られる。湾内に測深点が多数見られ、等深線も数本描かれている。図の左上部分、仏文による図名の下に、仏文で、「fathom（尋）による水深」と表示している。左下部分にミュニエ中佐の署名と首長印、右下部分に縮尺と工兵大尉ジュルダンの署名と彼の和文の朱角印が見られる。日付は見られない。黒1色の地図の上に砲台関係を赤で表示している。紙はかなり褐色化している。

縮尺は伊能大図と近似しているが、基図として伊能大図は全く利用せず、1854年ペリー艦隊測量、英国水路部 UKHO 印刷発行の海図『HAKODADI HARBOUR』の沿岸付近を水深値も含め全面的に利用して、1864年竣工の五稜郭を新たに描き加え、函館山の地形は陰影による表現に変えている。

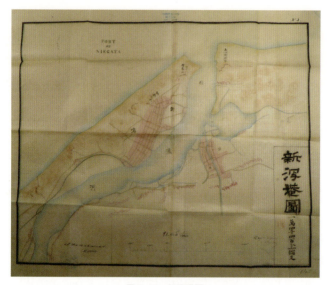

図 3-22　新潟港圖

3-7-5　『新潟港圖』

　図 3-22 に『新潟港圖』PORT DE NIEGATA を示す。『敦賀灣』と同様の薄い和紙上に縮尺 1:14,400、 4 色、図名はじめ、図郭線、水涯線、注記は黒、水部は青、集落、砲台関係は赤、砂丘は黄土色で表示している。図の下部中央に縮尺、左に「首長ミュニエ中佐」の署名と官印、右に「工兵大尉ジュルダン」の署名、その右上にジュルダンの和文による朱角印が見られる。

　水深は表示していない。開港場であり、英国海軍による測深は既に行われていたが、1870 年にフランスで出版された新潟港の水深図もあり、当時の河口の状況では水深が浅く、北前船や中国のジャンクは可能であるが、欧米の外航船の寄港は難しい

第3章　実務的な工兵教師ジュルダン　49

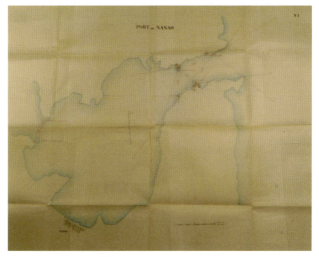

図3-23　PORT DE NANAO

と考えたようである。

　図名、縮尺のほか、信濃河、新潟、烏帽子町、舟見山、沼垂ほかの日本語による注記が見られる。

　当地の先行地図として昭和9年5月新潟市役所発行の『新潟市史』上巻第二編に第十図『明治三年新潟港圖』の挿絵があるが、ジュルダンの『新潟港圖』は現地調査の結果を踏まえて、『地圖彩式』に則って作成されたことが考えられる。

3-7-6　PORT DE NANAO

　図3-23に七尾港の図を示す。図名は日本文字がなく、PORT DE NANAO（七尾港）のみで、小口瀬戸と屏風瀬戸の間の七尾南湾が対象地域である。『敦賀灣』と同様に薄い和紙を用いている。数字による縮尺の記載はないが、スケールが示

されている。黒、青、赤の3色である。海岸線の輪郭が主で、砲台建設候補地のみケバで地形を表現している。5港湾の地図の中で最も簡略であり、未完成と見たか、ミュニエ、ジュルダンの署名が見られない。海峡部のみ若干測深点が見られるが、七尾港は1867年、英国海軍 Serpent 号により測深が行われている。

陸軍士官学校初代工兵教師ヴィエイヤール

4-1 ヴィエイヤールの履歴

　フランス公文書館の文書によると、VIEILLARD, Ernest Antoine の履歴は次のようである。

1844年12月　パリ生まれ。
1864年11月　理工学校入学。
1866年10月　メス Metz にあった砲工科応用学校入学。
1868年10月　2等中尉。
　　　　　　ここまでのコースはジュルダンと同様である。
1869年1月　メスの第1工兵連隊配属。
1870年1月　パリ西郊サンシールにあった陸軍士官学校参謀
　　　　　　（普仏戦争時は陸軍士官学校か）。
1871年2月　要塞資料部付。
1871年7月　サンシール陸軍士官学校要塞学助教。
明治6（1873）年4月　日本への第2次陸軍顧問団に他の人
　　　　　　より1年遅れで参加（工兵大尉）。
明治9（1876）年　帰国。

　その後はアルジェリア、チュニジアに合わせて4年余りのほかは、パリ、ヴェルサイユ、ナントなど国内勤務で、1906年工

兵中将、1909年予備役で、1915年没している。

このように、彼も来日前に地図作成機関の勤務経験はない。

4-2 第2次陸軍顧問団における活動

上述のように彼は第2次顧問団に他の人より約1年遅れで加わった。

第2次顧問団は活動開始後、幹部養成のための士官学校設立の必要性が強いことから、士官学校の教務と教官の経験のある彼が、その具体化、立ちあげのために招かれたのではないかと思われる。

日本での滞在は約3年間であるが、「奉職場所：兵学寮、職務：工兵科、月給350円」で教育専門である。来日当初、『工兵操典』巻之三の緒言にある通り、陸軍の教育機関たる兵学寮で、ジュルダンとともに、フランスの工兵連隊学校用教科書をベースに、地図測量を含む工兵教育に従事するかたわら、兵学寮の、士官学校、教導団、幼年学校への分化発展、下士官教育のための教導団での教育や、発足時の陸軍士官学校でフランス側教育部長としてカリキュラム作成や教育に尽力した。

明治8（1875）年冬学期、夏学期、秋季野営演習の時間割が公文書館文書の中にある。同年の野営演習では地形図作成の指導も行ったようで、後述のように、陸軍顧問団文書のうち、ヴィエイヤールに関する公文書館文書の中に、明治8年秋習志野原での野営演習の際に作成された手描きの1万分1地形図原図が含まれている（図4-1参照）。

明治9（1876）年2月に後任としてクレットマン工兵中尉が着任し、ヴィエイヤールは明治9年は残り期間教育部長として

第4章　陸軍士官学校初代工兵教師ヴィエイヤール　53

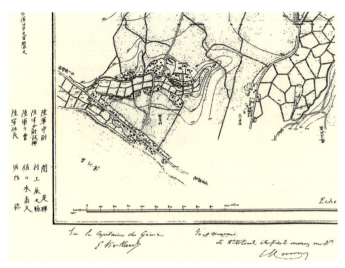

図4-1　『習志野原西南地方之圖』（部分）

の職務を行い、実際の工兵教育は後任のクレットマンに任せている。クレットマンはこの後明治11（1878）年5月まで2年余り陸軍士官学校で勤めた。

　因みに、この第2次陸軍顧問団は全体としては、途中交替があるが、明治5年4月から13年6月までの約8年間で、ミュニエ首長はこの年帰国している。ラッパ手のダグロンのように、個別の契約で、さらに16年4月まで残り、戸山学校の軍楽隊に貢献した者もいる。工兵士官としては、他にギャロバンが明治10年3月から、バールが明治11年11月から、それぞれ明治13年6月まで陸軍士官学校で勤めている。

4-3　明治8年習志野原野営演習の際の地形図

　図4-1は、第2次陸軍顧問団関係文書の中のヴィエイヤー

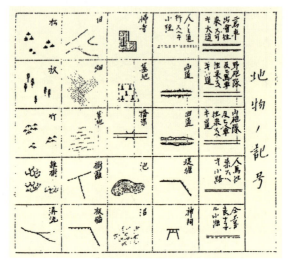

図4-2 『習志野原西南地方之圖』の記号

ル校閲の仏文名 Lever des environs du Camp de Ropono-Hara（六方原野営地付近の測量図）の中の第三号プランセット、和文名『習志野原西南地方之圖』の左下部分の横縞入りの電子複写から縮小したものである。ここでプランセットはフランス語の planchette で、測量用の平板のことである。

原図の縮尺は1：10,000、等高線間隔は2.5m である。地物の記号は図4-2の通りで、原図図郭内の左上隅にある。道路通行可能性、人工物、植生、水流などが記号で表示されている。

仏文で、下左に「工兵大尉　ヴィエイヤール校閲」、その右に「中佐軍事顧問団首長ミュニエ校閲・伝達」の表記があり、左側下に、和文で作成者名があるが、これは下記の第三組の構成員と一致している。第三組の担当地域は「西南地方」で、図4-3の左下部分に当る。

第4章　陸軍士官学校初代工兵教師ヴィエイヤール　55

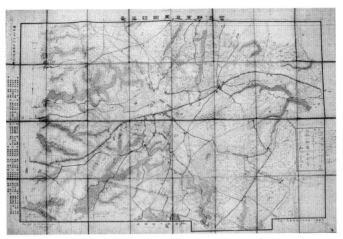

図4-3　ヴィエイヤール校閲の『習志野原及周回邨落圖』（クレットマンコレクション）

　この野外演習の際の全体図は、翌明治9年、縮尺1:10,000の『習志野原及周回邨落圖』として集成編集印刷された。おおよそ紙の大きさは横100cm、縦70cm、図郭の大きさはそれぞれ90cmと60cmである。磁北が上、磁針偏差は西3度58分。図名、地名ともにすべて日本語であるが、図郭外左下隅に図4-1と同様にヴィエイヤールのサインがある。次の章でみるパリにある日本学高等研究所のクレットマンコレクションのほか、わが国の国立公文書館、国立国会図書館などに収蔵されている。その左の図郭外に作成者6組27名が下記のように記載されている（図4-3）。

　第一組は、陸軍中尉・矢吹秀一、陸軍少尉・村松忠備、陸軍曹長・竹内銃次郎、陸軍軍曹・青木景貫、陸軍伍長・山室方幾
　第二組は、陸軍大尉・小宮山昌寿、陸軍少尉・林康雄、陸軍

軍曹・嶋根広之助、陸軍軍曹・西村藤太郎

　第三組は、陸軍中尉・関定暉、陸軍少尉試補・村上辰之助、陸軍軍曹・佐々木高久、陸軍伍長・堀内孫

　第四組は、陸軍少尉・瀬戸口重雄、陸軍少尉・渡瀬昌邦、陸軍軍曹・神前正次郎、陸軍伍長・高井鷹三、陸軍伍長・西村藤吉

　第五組は、陸軍少尉・海津三雄、陸軍少尉・伊集院兼雄、陸軍軍曹・楠見裕之亟、陸軍軍曹・吉田耕作、陸軍伍長・加藤義雄

　第六組は、陸軍少佐・天野貞省、陸軍省七等出仕・小菅智淵、陸軍省十一等出仕・林久実、陸軍省十二等出仕・宇佐見宜勝

となっている。

　第六組は陸軍士官学校教官を含み、総括に当たり、翌年のクレットマンの地形図に「dessinateur Ousami」と記されていることから見て、宇佐美宜勝が地図編集製図を担当したことが推定される。

　このうち、公文書館には、2004年、上の第三號プランセットまでの手描き地図があったが、第二號プランセットのものは汚損が甚だしかった。第一號プランセットのものも四つ折りにした折り目から破断し、第三號プランセットのものも多かれ少なかれ汚損していた。第一號プランセットの地図の作成者も上記第一組の構成員と一致している。

　図4-1の範囲外であるが、この地図の左上部欄外にこの4人の名をフランス語風に記し、その下にフランス語で「ヴィエイヤール大尉の生徒」と記されており、関中尉は professeur

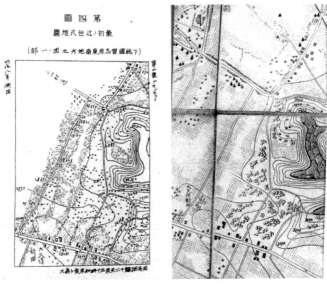

図4-4 『陸地測量部沿革誌附圖』第四圖最初ノ近世式地圖と『習志野原及周回邨落圖』(該当部分)

教官と記されているが、当時は教導団の教官、後の2人は教導団の生徒である。各組チーム全体がヴィエイヤールの生徒であったのであろう。

なお、『陸地測量部沿革誌附圖』第四圖はこの地図の原図の一部である(図4-4)。

4-4 陸軍士官学校職員の表

第2次陸軍顧問団関連文書の中に、1876(明治9)年の士官学校職員の手書きの表がある。
その表によると、

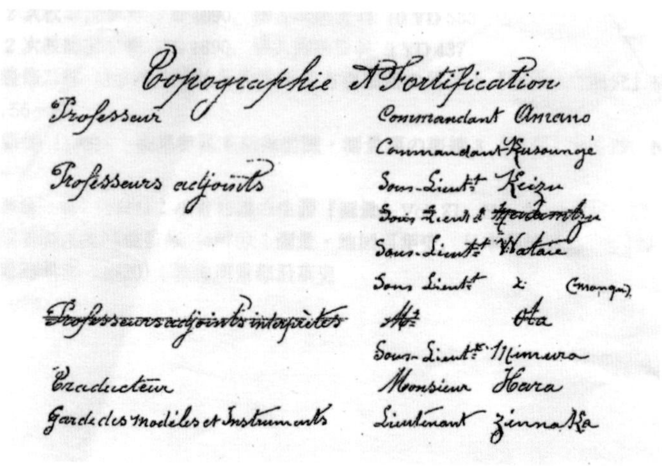
Topographie et Fortification
Professeur — Commandant Amano
Commandant Kusoungé
Professeurs adjoints — Sous-Lieut Keizu
Sous-Lieut Muramazu
Sous-Lieut Wataie
Sous Lieut
~~Professeurs adjoints interprètes~~ — Mr Ota
Sous-Lieut Mimura
Traducteur — Monsieur Hara
Garde des modèles et Instruments — Lieutenant Zinnaka

図４－５　陸軍士官学校職員の表（地形図学・築城学の部分）

学校長　Soga 曽我少将

フランス人部長	Munier ミュニエ大佐
学校次長	Phosina 保科大佐
日常業務指導官	Vieillard ヴィエイヤール大尉
教育部長	Takéda 武田大佐
フランス側教育部長	Vieillard ヴィエイヤール大尉

地図測量に関係が深い、地形図学・築城学の日本側の教官を示すと図４－５のとおりである。

Topographie et Fortification　地形図学・築城学

教官　Amano 天野少佐（第六組）

Kusoungé 小菅（？）少佐（第六組）

助教　Keizu 海津（？）少尉（第五組）

Muramazu 村松（？）少尉（第一組）

Wataie 渡瀬（？）少尉（第四組）

までの地形図学・築城学専門の教官は、明治8年の習志野原野営演習参加者の中に類似の名前が見られる。助教は1名欠員と書かれている。

フランス国防省公文書館　2011年6月29日　著者撮影

第5章

クレットマンとクレットマンコレクション

まえがき

筆者は、2013年、パリのコレージュ・ド・フランス日本学高等研究所を訪ね、そのクレットマンコレクションの中の、陸軍士官学校教科書中に、明治9（1876）年作成の3冊の地図測量教科書、『測地學教程講本』、迅速測図に関係のある『地理圖學教程講本』、『測地簡法』を見かけた（図5-1）ので、その概要とともに、クレットマンコレクションの中の陸軍関係の地図についても述べることとする。

陸軍士官学校は、明治政府陸軍草創期の教育機関たる兵学寮から明治7年10月、当時の陸軍の最上級学校として創設されたもので、陸軍士官学校での地図測量教育は、我が国で行われた高等教育における最初の部類に属する。

上記3冊はすべて漢字片仮名交じり文語文の手書き文字印刷和装本、おおよそ縦18.4cm、横12.7cmで、本文は和紙二つ折りその片面当り縦書き25字横12行で、上欄に要点の注記がついている。紙質は強靭であるが、褐色化が進み、コントラストがやや弱くなっている（図5-2）。

5-1 クレットマンについて

ルイ・クレットマン Louis KREITMANN（1851-1914）は、

第5章 クレットマンとクレットマンコレクション 61

図5-1 明治9年陸軍士官学校の地図測量教科書（クレットマンコレクション）

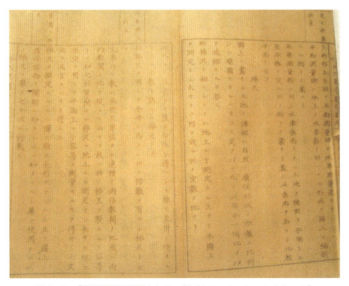

図5-2 『地理圖學教程講本』の一部（クレットマンコレクション）

現在のフランス東部アルザスのストラスブール生まれである。普仏戦争後、1871年、ストラスブールはドイツ領となったが、クレットマンはフランス理工学校 École polytechnique を志望、フランス国籍を選び、1872年フランス理工学校を卒業し、フランス砲工学校へ進み、1874年に工兵科を卒業した。

日本派遣の第二次フランス陸軍顧問団のヴィエイヤール工兵大尉は、来日前、フランス陸軍士官学校に勤務しており、日本で、専門の工兵教育のみならず、陸軍士官学校創設に教育指導の面で貢献したが、家族からの早期帰国願いを受けて、予定より早く帰国することとなったため、工兵教育担当の後任として、明治9-11（1876-78）年、日本の陸軍士官学校の教師教官を務めた。

1875年12月16日、日本に向けてマルセイユを出発し、明治9（1876）年2月6日横浜に到着した。

フランスからカメラを持参し、休暇などを利用して、関東地方や関西方面を旅行し、現地で写真の撮影、収集、地図などの収集も行った。

日本の陸軍士官学校では、専門科目の地理図学、築城学のコースを担当し、基礎科目として、数学、化学も担当した。教科書では漢字で、屈烈多曼と表示されている。

2年3か月余りの滞日の後、明治11（1878）年5月20日帰国のため横浜から出国した。

1908-1912年、フランス理工学校校長を務めた。

5-2 クレットマンコレクションについて

クレットマンコレクションは、彼が明治11年帰国時に本国に

送ったものがレマン湖近くの旧宅に紐解かれずに眠っていたのを、孫のピエール・クレットマンが開梱し整理を試みていたが、晩年になってコレージュドフランス日本学高等研究所に寄託したものである（ニコラ・フィエヴィエ＋松崎碩子、2005）。

その内容は

1、前記の地図測量関係教科書のほか、陸軍士官学校の築城学など工兵関係教科書、彼が担当した数学や化学の教科書。

2、明治8・9・10年の陸軍野営演習時作成の二つの『習志野原及周回邨落圖』（印刷図）、及び印刷前の『下志津及周回邨落圖』の写真。

前述のように、クレットマンの前任者、ヴィエイヤールは、明治8（1875）年秋、習志野原での野営演習の際、その指導の下、旧兵学寮関係者、陸軍士官学校などの現役工兵士官ほかから成る6組27名による縮尺1:10,000の地形図作成演習を行った。そして、その成果を集成編集した明治9年3月ヴィエイヤール校閲、縮尺1:10,000、図名地名とも日本語のみの『習志野原及周回邨落圖』が作成印刷された。

クレットマンは、明治9年秋、習志野原での野営演習の際、同年夏休み前の「地理図学教程」の授業とその講義からまとめた後述の『地理圖學教程講本』などを活用して、陸軍士官学校生徒たちによる縮尺1:20,000の地形図作成演習を行い、その成果を集成編集して明治10年3月クレットマン校閲、縮尺1:20,000、図名地名とも日本語とフランス語の『習志野原及周回邨落圖』を作成印刷している。

さらに、クレットマンは翌明治10年11月、西南戦争終了後、下志津での野営演習の際に、陸軍士官学校生徒たちによる縮尺

1:20,000の地形図作成演習を行い、その成果を集成編集して縮尺1:20,000、図名地名とも日本語とフランス語の『下志津及周回邨落圖』を作成しており、その写真がクレットマンコレクションに収められている。関口（1970）によると、その印刷図に「明治11年5月1日校閲」と記されており、四街道市役所に印刷図複製があるが、彼は印刷図完成前に帰国したものと思われる。

3、陸軍省参謀局第五課で、西南戦争勃発に対応して、明治10年2月に応急的迅速に、伊能中図を基に、国界線を入れ、河川を詳しく追加摘入し、山麓部に一部ケバを用いて1枚の地図にまとめた『九州全圖』、及び明治8年の日本海岸防禦法考案関連のジュルダンによる横須賀周辺の地図など陸軍省の資料。

但し、関与の程度の違いによるものか、陸軍省参謀局の地図でも、西南戦争時に参謀局で作成された、ケバを同じく山麓部に適用した『四國全圖』やケバを尾根部に適用した『西海道全圖』は含まれていない。

4、橋梁などの撮影写真、種々の市販地図、市販写真、英文ガイドブックなど個人的資料。

5、日記

などから成る。

クレットマンコレクションは、彼が明治9年から11年にかけて日本で収集したコレクションであり、明治10年前後の日本の陸軍士官学校工兵学・地図関連情報を収めた一種のタイムカプセルである。

5-3 『測地學教程講本』について

本書は、屈烈多曼氏口授天野貞省編輯、明治9年8月陸軍士官学校学科部作成の教科書である。

表紙に手書きで Arpentage と記されており、ここでの測地學はフランス語の Arpentage の訳で土地測量を意味する。

緒言で「測地學教程ハ法国工兵中尉屈烈多曼氏本校第一年生徒學科ノ為メニ口授スル所ノ須要ナル條目ニ基キ天野貞省ヲシテ編輯セシムル所ナリ其詳説ノ如キハ地理圖學教程ニ讓ルト云フ」とある。

わが国で近代学校教育制度が発足してまだ数年の段階で、士官学校入学1年目の生徒を相手に来日1年目のクレットマンが行った講義から地図測量担当教官の天野貞省少佐が要点を編集したものである。

陸軍士官学校草創期のカリキュラムが流動的な段階の教程の講本で、その構成を見ると、

第一篇　標題なし

冒頭に「測地法ハ多角形或砕密測圖ヲ施行スル為直角ナル方位ニテ採ル所ノ諸長即チ其表面ノ水平影ヲ測等スル者トス」とあり、測量機器として角度の測地手エケールと長さの測鎖があげられ、測地手エケールについての説明がある。

因みに、エケールはフランス語で直角の意。ここでは直角器で、内径 6〜7 cm、高さ 7〜8 cm の金属製の円筒の周囲に90度間隔で、縦長の中央に絹糸が張られた細窓があり、2組の180度相対する細窓を通して視ることにより、現地で90度の測定または設定することに用いられた。八角筒で、45度間隔に細

窓が開けられ、45度の測定・設定に用いられるものもあった。原文に当たっていないが、文脈から「測地手エケール」はEquerre d'arpenteur（測量者の直角器）の訳語と思われ測量用直角器の意味であろうか。なお、次の『地理圖學教程』第五篇では「測地エケール」、「測手エケール」とも記されているが、同一のものである。

第二篇　測地手エケールノ問題
　測地手エケールのいろいろな測量現場への適用の問題。

第三篇　測地手エケールニテ距離ヲ測ルノ問題
　測鎖と測地手エケールを活用し、近接し難い2点間距離などを測定する問題。

第四篇　測地手エケールニテ表面ヲ測ルノ問題
　面積測定の問題。

第五篇　長測量
　測鎖とその検定についての説明。傾斜地などでの距離測定についての説明。

第六篇　標題なし
　メートル尺或いは測鎖による測図、多角形を三角形に分解する法、対角線の測量に因る点検、砕密測図など

第七篇　標題なし
　地理圖學作業は、平面測量と水準測量の2部からなること、十進法分数縮尺の利点、縮尺による地図の分類、寫図法など

第八篇　圖ノ編制
　室内作業。境界、道路、岩石、水平曲線、暈滃（うんおう）の着墨。地物の着色など。

についての説明となっている。

　第六篇までは具体的であるが、直交方向と測距で位置決めし、平板も他の測角機器も用いていない。その後の篇は概念的な説明となっている。因みに、第八篇の「水平曲線」は等高線のことである。

　本文24丁、付図3葉24図である。

5-4 『地理圖學教程講本』

　本書は、「教師屈烈多曼氏編輯原胤親譯」、明治9年8月陸軍士官学校学科部作成のものである。

　ここでの「地理圖學」はTopographieの訳で地形図学のことである。本文101丁巻末に付図が和紙20丁余り92図付いている。

　その構成を見ると、

　第一套　圖書ノ讀法及ヒ寫法

　第一篇　標題なし

　　地理圖學、平面測量、水準測量、縮尺、地図の対象と縮尺の関係など。

　第二篇　標題なし

　　標高、水準曲線、傾斜角、最大傾斜線、暈滃など地形表現法。素図の編制、3色による着色、図の縮写法及び拡大法など。

　第二套　正則圖ノ施業

　第三篇　平面測量

　　基底（基線）、圖根三角形、長測量歩度及び歩度の検定、測鎖、水準地長測量、傾斜地測量など。

第四篇　角度ノ測量

　使用機器はプランシェット（平板）とアリダード、ブウソル（測量用コンパス）、尋常半圓規（半透明な羊角製の半径7-8センチの分度器）など。

第五篇　圖根施行ノ續

　プランシェット及びアリダードの使用。測図の標定、子午線を定める法、原野にて標定する法、デクリナトワール（磁針）、図根測図の諸法、道線法、交互（交会）法、砕密測図、縦横法、測地あるいは測手エケール　など。

第三套　水準測量

第六篇　標題なし

　水準測量ノ定説、水準器及エクリメートル（傾斜計）、垸工水準器、気泡水準器、水表水準器、標尺、繰出標尺、道線水準測量、水準測量作業の点検、水準測量の手簿、砕密水準測量、断面法、スタヂア、アリダードニベラトリス（alidade nivelatrice は水準測量用アリダードの意）など。

第四套　標題なし

第七篇　迅速測圖、目算測圖、手記測圖、路上測圖並ニ大廣地測圖、軍事偵察

となっている。

　第六篇までは「正則圖」についてであるが、第七篇は戦場における応急的な地図作成に関するもので、迅速測図については、その冒頭で「迅速測圖即チ急測圖ト名ツクル者ハ野外ニ於イテ圍マント欲スル要塞或ハ禦カント欲スル要塞ノ周囲築城ヲ欲スル陣地或ハ襲ハント欲スル陣地ノ周圍通路ヲ準備スヘキ河岸上等ニテ施行スル者ナリ其梯尺ハ1/5000ヨリ1/40000ニ變

ス通常佛國ニテ用フル者ハ1/10000ナリ」とある。機器は、平板、磁針、アリダードを用い、距離は歩測で測定する。迅速測圖の地図の見本はなく、視図・断面図についての記載は見られない。

　迅速測圖以外の戦場での地図作成法について見ると、標題と少し順序が違っているが、目算測圖は、野戦において器械を用いず方眼紙上に馬上で作図するもの。

　偵察測圖は、河川山脈の通過、野営の準備、陣地の情報取得のため1/20000で作図。

　路上測圖は、行軍の際にその近傍の土地の状況の作図。

　手記測圖は、著明な諸点の間隔の通過に要した時間からプロットする測図。

　大廣地測圖は、「即一要塞ノ攻撃ヲ定ル圖面ノ決定及ヒ築城ヲ準備スヘキ圖ヲ編成スルニ用フル圖書ノ決定」「一般圖根ノ編制」、「砕密物ノ測圖但シ一般ニ1/5000ノ梯尺」とある。

　なお、明治30年代の士官学校教科書では、廣地測圖は正則圖に含まれ上記目的、縮尺の記載なく、小地區測圖に対するものとなっている。

　おおまかに見て、
　第一套は地形図の概要と作成法、
　第二套は正則地形図の平面測量法、
　第三套は正則地形図の水準測量法、
　第四套は戦場での応急的地図作成法、
について述べている。

　この教科書は、クレットマンの陸軍士官学校における1年目の講義の原胤親通訳記録をまとめたものと思われ、形式的に

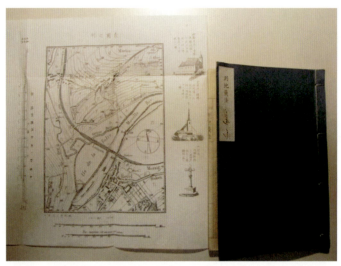

図5-3 『測地簡法』の表紙と折込図「素図ノ例」(クレットマンコレクション)

整っていないところがある。

5-5 『測地簡法』について

『測地簡法』は明治9年10月陸軍士官学校学科部作成で、寓里越(グーリエ)氏著　原胤親譯　天野少佐校正、手書き、石版印刷の和装本である。

原書は1858年フランス砲工学技工兵科教官工兵大尉寓里越氏著グーリエ C-M.GOULIER による筆記体石版印刷本文30ページ巻末モノクロ付図6ページの INSTRUCTION PRATIQUE SUR LE LEVER EXPEDIE (迅速測図実行指示書)である。

上記『地理圖學教程講本』の迅速測図部分を補完するために作成されたのではないかと思われる。

冒頭に「測地簡法ハ原意迅速測圖ノ義ナリ」とある。

同書は、本文25丁（49ページ）、巻末に洋紙上のモノクロ折込付図7葉、その付図の中にルアーグルの『地形図学教程』のもの（図6-4）と同じ迅速地図の見本が「素圖ノ例」として説明文が和訳されてモノクロで収められている（図5-3）。

箇条書き、全54条から成り、その構成を見ると

第一篇　外部作業
　第一章　素圖ニ充ツ可キ性質
　　素圖　鉛筆を使用。
　　平面測量圖　縮尺1/10,000により図示可能諸砕密部
　　地形表現　5メートル間隔の水平截面（等高線）
　　目標の掌圖、断面など。
　第二章　器械
　　プランシェット、デクリナトアール、
　　アリダードニベラトリス。
　　傾斜測量、距離測量など
　第三章　測圖ニ遵用スベキ法、
　　野外に士官の携帯すべき器械として
　　歩行時はプランシェット、アリダードニベラトリス、馬上時はブーソルビエルニエ　など。
　第一　平面測量
　　一般（地形）図根、砕密図根、砕密図など。
　第二　水準測量
　　一般に平面測量と同時に施行、
　　一般図根の水準測量、砕密水準測量、

道線法、水平截面の画法、地形の成法

　　小起伏面及び其連合、など

　第二篇　製圖ノ作業

　　第一章　素圖ノ完成。

　　獨立諸點の標高、5メートルごとの水平截面、地物の適度の顔料による着色、地名注記、圖縁及表題、梯尺、標定羅針の描画、視圖及び断面などで、第一篇は外業、第二篇は内業についてである。

　　なお、「水平截面」は section horizontale の訳で、等高線のことである。

5-6　クレットマン指導の地形図

　明治9 (1876) 年秋の野営演習時クレットマン指導陸軍士官学校生徒原図作成の縮尺2万分1の『習志野原及周回邨落圖』、地名図名ともに仏語表記付きの地形図、仏語名 Carte des Environs de Camp de Narashino-hara (図5-4) の原図が作成された。此の地図はおおよそ縦55cm、横68cm、横方向2枚の張り合わせで、図郭寸法は縦48cm、横60cm である。真北が上。磁針偏差は西4度15分。1877年2月25日、陸軍士官学校中庭で、太陽の南中方向を求める「應高法」により子午線方向決定。1877年3月15日、製図者宇佐美 Ousami 地図編集、工兵中尉クレットマン校閲。「地物記号」表示 (図5-5)。

　西南戦争終了後、明治10 (1877) 年秋の下志津での野営演習時原図作成の同じくクレットマン指導で地名図名ともに仏語表記付きの縮尺2万分1の『下志津及周回邨落圖』、仏語名 Environs de Simo-shidzou の写真 (図5-6)。この地図の複写地

第5章 クレットマンとクレットマンコレクション 73

図5-4 『習志野原及周回邨落圖』(部分) 明治9年11月の士官学校生徒の測量に基づき地図編集

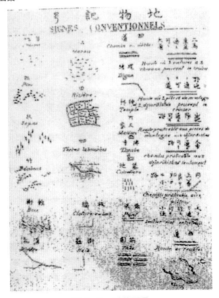

図5-5 地物記号

図5-6 『下志津及周回落圖』(部分 現佐倉市南部)(クレットマンコレクション)

第5章 クレットマンとクレットマンコレクション 75

西南役之圖

第五圖ノ二

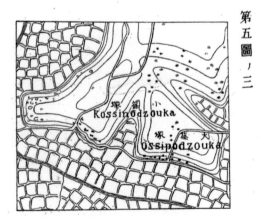

第五圖ノ三

図5-7 『陸地測量部沿革誌附圖』第五圖西南役之圖ノ二、三

図が地元の四街道市役所にあり、その図郭寸法はおおよそ縦56cm、横61cmである。図郭内右下部に仏文で「東京1878年5月1日工兵大尉クレットマン校閲」の署名があり、その下に「等高線間隔5ｍ」とある。原稿図に署名し写真撮影したが、印刷図完成前に5月20日帰国出発か。

なお、『陸地測量部沿革誌附圖』第五圖（西南役之圖）ノ三はこの地図の原図の一部である（図5-6、7参照）。

第五圖ノ一は鹿児島城山、第五圖ノ二は都城と地域が特定できるのに対し、第五圖ノ三は等高線が描かれ、まさに実測迅速測図地形図の観を呈しているが、地域が不明で、田原坂ほか戦場を探したが見当たらず、大篠塚など、地名辞典から千葉県佐倉市付近に同一地名があることがわかり、佐倉市付近の地形図と対照したところ一致した。仏語表記の地名が付いているので、西南戦争の戦場に赴く前に、関東で、フランス人工兵教官の指導の下に練習したものと考えたが、その後、クレットマンコレクションの『下志津及周回邨落圖』を見て、西南戦争終結後、11月の下志津での野外演習の際の原図の一部であることが判明した。

5-7　クレットマンコレクションの『九州全圖』とジュルダンの「横須賀周辺」の地図

『陸地測量部沿革誌』の明治10年の項には、

西南ノ役起ルヤ第五課ハ急ニ「九州全圖」ヲ編輯シ轉寫石版ニ依リ之ヲ印刷シ以テ軍用ニ資シタリ然レトモ此ノ編輯圖ハ未ダ其ノ詳ヲ悉クサス（以下略）

とある。同じ『陸地測量部沿革誌』明治5年の項には全国に

布達を発し「地圖編製ノ原子ヲ徴収セリ」、明治9年の項に「伊能圖ノ模写ニ着手」とあり、これら手元にある地図資料を生かして、地図編集印刷担当の陸軍参謀局第五課が「九州全圖」を急いで作成印刷し、軍用に供したが、詳しさが十分でなかったということであろう。

この地図は、明治10年2月陸軍参謀局の作成で、おおよそ、横120cm、縦160cmで、横3枚×縦6枚、計18枚の印刷図の貼り合わせとなっている。

表示範囲は九州本島で、壱岐、対馬や五島列島、屋久島、種子島は含まれていない。

経線は、東から西経4度、5度、6度の線が表示され、これは京都を基準にしたものと思われる。

緯線は31度と32度についてだけ示されている。両緯線の間の長さを測定したところ49.8cm、約50cmとなり、縮尺表示はないが、この緯線の間隔から計算すると約22万分1ということになる。

縮尺からは伊能中図1:216,000に近いが、伊能中図と異なり国界線が描かれ、伊能中図は河川の描図が少ないが細かく書き加え、地名は測量した道路沿いは詳しくそれ以外は空白となっているが、九州全図では均等に記入している。

地形表現にケバが若干、九州山地など、平野から山地にかかるところに用いられており、山地が台地のような感じに表現されている部分がある。島原半島では尾根筋に適用している（図5-8）。ケバによる地形表現は、『陸地測量部沿革誌附圖』の第五圖ノ二で、フランス参謀本部地図と同じ縮尺8万分1の地図で使われており、フランス地形図の影響とも考えられる。

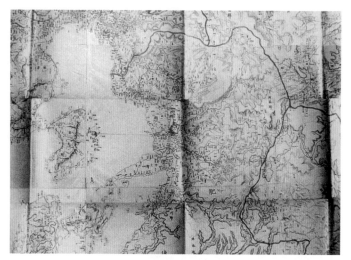

図5-8 『九州全圖』(熊本周辺部分)(クレットマンコレクション)

　緊急の作業であり、伊能中図は九州が2面になっているので、手元にある伊能中図を土台にして、使い易いように1面に編集して、新しい情報により、国界線を赤線で表示し、河川、地名を詳しく追加したのであろう。

　西南戦争勃発が2月15日で、政府軍の大阪出発が2月24日、福岡出発が3月1日、田原坂の戦いが3月4日から20日で、地図刊行が2月となっているが、遅くも3月1日以前に総督府に届けられていることが求められたと思われ、随分迅速な作業である。

　『四国全圖』も参謀局により作成されたが、ケバの用い方は『九州全圖』と同様で山麓に用いている。

　『九州全圖』の2か月後、明治10年4月に『西海道全圖』が参謀局により作成された。これは時間的ゆとりがあり、図面上

第5章 クレットマンとクレットマンコレクション 79

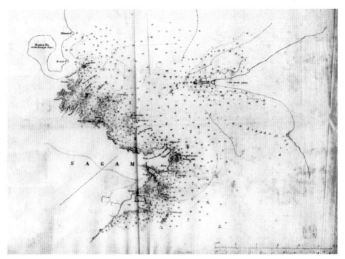

図5-9 横須賀周辺の地図

に国名、縮尺、凡例が付いている。縮尺は伊能中図と同じ、1：216,000と明示されている。海岸にはその後の変化を反映して干潟が表示されている。ケバが用いられているが、『九州全圖』と異なり、尾根筋に適用しており、山麓には用いていない。

　明治20年になると輯製20万分1地図が作られるが、これでは地形表現にケバを山頂から山麓まで全面的に適用しており、『九州全圖』は広域地図におけるケバ適用の第一歩ともいえよう。

　次に、『陸地測量部沿革誌』明治9年の第六課の記事の中に「観音崎附近北国沿岸及函館新潟七尾敦賀等ノ海灣」の「局地図ヲ完成」とあるが、このうち観音崎との関連が考えられるものとして、透写性洋紙上で褐色化が進んでおり、右下隅に「元彦根邸内ジュルダン」の朱角印のついてあるYokosuka et ses environs（横須賀周辺）の地図がある（図5-9）。これは、山縣有朋から第2次フランス陸軍顧問団団長ミュニエ Munier 中佐に対する「海岸防禦考案」の要請に応ずるもので、その答申書和訳は残っているが、仏文答申書および附図はこれまでのところ見つかっていない。ジュルダンの「横須賀周辺の地図」はこれに関連しているものであろうが、日本政府への提出図の控えであろうか。

上記の「函館新潟七尾敦賀等ノ海灣」のジュルダンの地図についてはフランス国防省公文書館の資料に基づき第3章で述べた。

あとがき

以上、クレットマンコレクションから明治9年陸軍士官学校学科部作成の3冊の地図測量関係教科書をその構成を中心に概観した。前述のように、クレットマンコレクションは、陸軍士官学校創設後まもない時期の陸軍士官学校フランス人工兵教官が保有していた資料からなる一種のタイムカプセルで、明治10年頃の状況の一断面を知ることができる。

前任者ヴィエイヤールは明治8年秋の習志野原での陸軍野営演習の際に指導的立場にある人を中心とする班編成で地形図作成演習を行い、それに先立ち陸軍士官学校での工兵教育も始まっていたが、彼の教科書は知られていない。それゆえ、クレットマンの明治9年の教科書はこれまでのところ陸軍士官学校の最初のものである。外国人教師の講義通訳記録を次へ生かす学科部の初めての試みであっただろう。

『地理圖學教程講本』では、明治8年の『工兵操典』測地之

部と同様、水準測量、標尺、標定、最大傾斜線、道線法など、地図測量用語で現在でも使われているものが散見される。

「等高線」に対応するフランス語として、courbe horizontale, section horizontale ほかがあり、前者に対し「水準曲線」、「水平曲線」、後者に対し「水平截面」が当てられている。明治8年の『工兵操典』では譯例で「水準曲線」、本文の中では「水平曲線」も見られ、『測地學教程講本』では「水平曲線」、『地理圖學教程講本』では「水準曲線」、グーリエの『測地簡法』では「水平截面」となっている。明治11年4月印刷洋装本の『地理圖學第二教程講本』では、「水平曲線」となっており、後に陸地測量部で用いられていた。

「等高線」は Isohypse あたりからの造語として、第二次世界大戦前、地理学界で使われていた用語ではないだろうか。

測量機器については、財政上揃えられるものを想定し、また当時は機器の開発途上で、その後新しい機種が出て、グラフォメートルや坑工水準器、水表水準器など、現在は使われていないものがある。

陸軍士官学校では教科書の改訂増補が随時行われていたようで、明治30年代、同じく Topographie から『地形學教程』と改名されている教科書の巻二の中で、「プランシェット」はドイツ語の Messtisch からと思われる「測板」に変わっているが、「アリダードニベラトリース」は「測斜照準儀」の括弧付きで、そのほかブーソール、デクリナトアールなどの機器名が見られる。分量は増え、詳しくなっているが、クレットマンのものと、大筋でほぼ同様の構成となっており、「迅速測圖」ほかの略式測量法についての記述も見られる。

謝　辞

　クレットマンコレクションの利用に際しては、パリにあるコレージュドフランス日本学高等研究所・馬場郁氏ほかの方々にお世話になった。

コレージュドフランス日本学高等研究所　2013年9月日　著者撮影

第6章

『兵要測量軌典』とルアーグルの『地形測図学教程』

まえがき

　『陸地測量部沿革誌』によると、明治10（1877）年2月、西南戦争が勃発し、参謀局地図課は『九州全圖』を急遽作成し戦闘部隊に提供したが、詳しさに欠けるということで6月に測量課全員が現地に出かけ迅速測図を行った。詳しい地形図整備の必要性が痛感されており、陸軍士官学校教官から参謀本部へ新任の測量課長小菅智淵工兵少佐は、明治12年、「全国測量一般ノ意見」を参謀本部長に具申し、本部長山縣有朋中将は趣旨に賛同したが経費上難があるとのことで、第二の意見、「全国測量速成意見」を提出し、12月18日認可を得た。これに基づき、測量課は明治13年1月「測地概則小地測量ノ部」を定め、その第14章　注意　で測量製図偵察の方法及び器械の用法は『兵要測量軌典』に拠ると規定している。これはフランス砲工学校の「小地図学」に拠りそれを我が国の地形と照らし合わせて主として関工兵大尉が編纂したものである。なお、ここでの「小地図学」は仏語 topographie の訳で地形測図学のことである。これに則り、第一班（班長小宮山大尉）を東京府下、第二班（班長早川中尉）を千葉県下、第三班（班長渡部中尉）、第四班（川村中尉）を埼玉神奈川両県下に派遣し、実地作業を開始した。

第6章 『兵要測量軌典』とルアーグルの『地形測図学教程』 85

緒言

此書ハ本邦ノ軍用地圖ヲ製スルニ適當ナル方法ヲ採擇シテ之ヲ實地ニ験照シ以テ編纂スル所ノ者ナリ而シテ測繪ノ法式ニ至テハ佛國砲工學校ノ教科ニ準據ス然レ𪜈小地圖學及偵察學ノ浩大ナル能ク一小冊子ノ遠スヘキニ非ス只測繪ヲシテ一揆ナラシムル爲須要ナル實際施業法ヲ迄錄スルノミ故ニ初學者ノ爲ニ編纂スル者ニ非ルコヲ知ルシ而シテ人員ノ編制制手ノ任務其他諸概則ノ如キハ別ニ之ヲ測地概則ニ掲載セリ

図6-1　『兵要測量軌典』緒言

図6-2　ルアーグル『地形測図学教程』（フランス国立図書館蔵）

明治14（1881）年陸軍文庫刊行の『兵要測量軌典』の緒言によると、フランス砲工学校の大部の地形測図学教科書があり、それから地形測図学と偵察学の必須の事柄を集録したことを示唆しているように見える（図6-1）。

上記緒言の記すものに該当すると思われる教科書を、フランス国立図書館 Bibliothèque Nationale de France で見かけ（図6-2）、フランス国立図書館収蔵の文書の中では最もよくまとまっている書物で、国外でも利用し易かったと思われるので、後日の参考のため、不十分なところがあるが、報告する。

なお、本書は全3巻で、図6-2の左3冊が初版、右端のものは第1巻の第2版である。

6-1　『兵要測量軌典』の内容構成

『兵要測量軌典』の構成は、緒言に続き、

小地測量の旨趣、
第一篇　圖根測量、
第二篇　砕部測量、
第三篇　製図、
第四篇　集合製図、
第五篇　偵察

となっている。

6-2　ルアーグルの教科書

件の教科書は、1880年代、フランスの砲工学校 École

第6章 『兵要測量軌典』とルアーグルの『地形測図学教程』 87

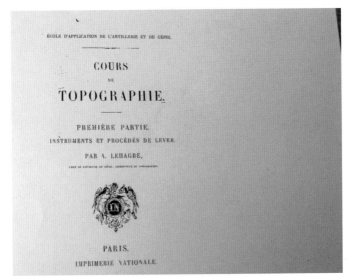

図6-3 『地形測図学教程』

d'application de l'artillerie et du génie の地形測図学担当教官ルアーグル工兵少佐が著した『地形測図学教程』A. LEHAGRE: COURS DE TOPOGRAPHIE 全3巻で、1876年から1880年にかけて国立印刷局 lmprimerie Nationale で、もともと砲工学校内の教科書として印刷されたものである（図6-3）。

　大きさは、より縦長のA4判程度で、1・2巻はそれぞれ380ページ以上で、特に第2巻には付表付図が多数付いている。

　その付図の一つが、図6-4に示す第2巻の第 XI 図版、図5-3と同一の彩色の原図の見本で、縮尺1万分1の地図の図郭外に「視図」や「断面図」が描かれており、関東地方のフランス式彩色地図（図6-5参照）と共通性が見られる。この付図

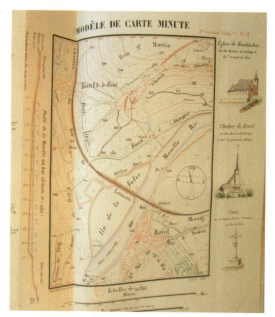

図6-4　『地形測図学教程』第2巻の第XI図版、彩色の原図の見本

の地図図郭の大きさは、下辺のスケールからおよそ横13cm、縦18cm程度と推定される。

　『兵要測量軌典』の内容に関係の深い第2巻を中心に、上記教科書の構成をみると、

　第1巻（本書の表現では第1部、以下同じ）1876年刊行
　　器具と測量方法
　　　第1節　平面測量 planimétrie
　　　第2節　高低測量 altimétrie
　　　第3節　地形図製図

第6章 『兵要測量軌典』とルアーグルの『地形測図学教程』 89

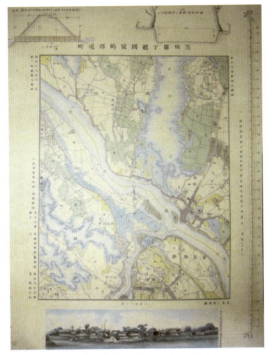

図6-5　関東地方の迅速測量地形図の例

第2巻　(第2部) 1878年刊行

測量方法

第1節　大縮尺小地域測量の方法

　第1章　ブーソル測量（測量用コンパスによる測量）

　第2章　平板測量『兵要測量軌典』ではプランシェット。

　第3章　タケオメートル測量『兵要測量軌典』では見かけない。

第4章　エクリメートル測量　エクリメートルは傾斜測定器具。『兵要測量軌典』では第1篇35ページ。
  第5章　簡易（迅速）測量
  第6章　地域記述
 第2節　大地域測量の方法
  第1章　方法と器具
  第2章　大地域測量の手順
  第3章　大地域大縮尺測量
  第4章　砲工学校での実施例
  第5章　大地域小縮尺測量
  第6章　地形図の方位
  第7章　地形図の複製
 第3節　偵察測量
  第1章　総論
  第2章　距離測定
  第3章　角測定
  第4章　水準測量
  第5章　砲工学校での実施例
  第6章　種々の偵察測量のための方法
  第7章　偵察測量の報告書
  第8章　地形の研究
  第9章　若干の特殊な地形について
第3巻　（第3部）1880年刊行
　　　　三角測量作業

となっている。

6-3 ルアーグルの『地形測図学教程』第2巻と『兵要測量軌典』との共通性

上記教科書と、『兵要測量軌典』による関東地方のフランス式彩色地図と関係の深いのは、第2巻第1節第5章で、図6-4の迅速測図見本図のほか、地図への表示事項、使用機器に共通性が見られる。

前者で、概念 lever expédié は正規の測量と偵察測量の中間のもので、半正規の測量である。後者で、迅速測図は、正法ではなく變法である。

地図の構成　彩色の本図と周辺に補図として視図 croquis と断面図 profil が付いている。

表示事項が下表のように共通である。

COURS DE TOPOGRAPHIE 第2巻　p.117　『兵要測量軌典』第2篇　pp.3-6

les communications　道路

les cours d'eau　水部

les limites des masses de cultures　圃地

les arbres situés sur bord des routes et des ruisseaux　正列樹

les petits accidents de la surface du sol　土地ノ小起伏

les habitations　家屋

les clôtures　囲部

les ponts, les bars, les gués, les croix, et autres objets de remarque　目標砕部

プランシェットほか、使用測量機器が共通である。

採用資料の例　前者は地籍図 plan cadastral、後者は地券図

地図用語の例　等高線に相当する section horizontale と水平截面

『兵要測量軌典』第2篇砕部測量では、水平截面34に対し、水平線8が用いられている。水平曲線、等高線は見られない。

6-4　ルアーグルの『地形測図学教程』利用の可能性

明治13（1880）年4月まで、フランス陸軍第2次顧問団の工兵士官が、ヴィエイヤール、クレットマンに次いでガロパン、バレが市ヶ谷の陸軍士官学校で教鞭をとっており、この新刊の教科書1・2巻を取り寄せ、利用していたことが考えられる。

フランスからの所要日数であるが、『米欧回覧実記』によると、マルセイユ港を明治6（1873）年7月20日に出航して途中上海で乗り換えて9月13日に横浜港に到着しており、クレットマンも、マルセイユを1875年12月16日に出航して、翌明治9（1876）年2月9日に横浜に到着しているので、貨物の場合も2か月程度であると思われる。

入港間隔が問題であるが、横浜日日新聞から明治11（1878）年4-10月のフランス定期船の横浜港の入港状況を拾うと右表のとおりで6か月間に14便あり、1878年印刷の第2巻でも明治12（1879）年前半に横浜到着可能であろう。

参謀本部小菅課長、関大尉は明治12年11月まで陸軍士官学校教官であり、フランス工兵士官から本書についての情報を得、また士官学校には原胤親のようなフランス語に堪能な人もい

第6章 『兵要測量軌典』とルアーグルの『地形測図学教程』 93

て、比較的容易に利用することができたと考えられる。

　関大尉は、士官学校の前は、下士官育成のための教導団の教官を務めており、明治8年の習志野原での演習参加など地図学教育の実務経験があり、軍用地図の国内迅速整備の課題と当時の陸軍の状況を踏まえ、標記『地形測図学教程』の第1・2巻から適宜取捨選択して『兵要測量軌典』をまとめたことが考えられる。

　横浜港入出港年月日

船名	入港年月日	出航月日
サーブル号	明治11年4月14日入港	4月19日出航
タナイス号	明治11年4月24日入港	5月1日出航
ボルガ号	明治11年5月8日入港	5月15日出航
サーブル号	明治11年5月22日入港	5月28日出航
タナイス号	明治11年6月5日入港	6月12日出航
ボルガ号	明治11年6月19日入港	6月25日出航
サーブル号	明治11年7月3日入港	7月10日出航
タナイス号	明治11年7月17日入港	7月23日出航
ボルガ号	明治11年7月31日入港	8月7日出航
サーブル号	明治11年8月14日入港	8月20日出航
タナイス号	明治11年8月28日入港	9月4日出航
ボルガ号	明治11年9月11日入港	9月18日出航
サーブル号	明治11年9月25日入港	10月7日出航
タナイス号	明治11年10月9日入港	10月21日出航
ボルガ号	明治11年10月23日入港	11月25日出航

あとがき

　『兵要測量軌典』と『測地概則小地測量ノ部』に則り、明治13年から迅速測図が行われ、縮尺2万分1で図6-5に示すように921面の手描き彩色地形図が作成された。これはわが国で広域的に近代地形図が作成された初めてのものである。

　フランスで、グーリエの『測地簡法』による地形図がないか、折にふれて探してきたが、これまでのところ、ヴァンセンヌ城でヴァンセンヌ周辺の地形図が壁に懸かっていたのを見かけたくらいである。フランスの国立地理調査所はカッシニの古地図などを複製印刷販売、古い地形図の電子複製を注文に応じて販売しているが、視図、断面図の付いた迅速測図地形図は含まれていないように思われる。明治中期、三角測量による基準点測量未整備の段階で、地形図印刷整備への明治政府の意気込みは高く、関東地方の手描き彩色地図から「一色線号式」の黒一色の地形図へ編集印刷が行われ、その後、他地域でも、基準点測量に基づく正式地形図ができるまでの繋ぎとして、多くの連隊で周辺の一色線号式の迅速測図地形図が作成印刷された。

第7章

明治20年代までの『工兵操典』地図測量関係の部

まえがき

　明治20年代までに『工兵操典』が3回作成された。その地図測量関係の部について見ると、工兵としての行動規範というよりも、地図測量関係技術の教科書である。

7-1　明治8年の『工兵操典』測地之部

　最初の『工兵操典』が明治6（1873）年から8年にかけて刊行された。

　これは、漢字平仮名交じり文語文の活版和装本で、對壕之部（巻之一、二）、坑道之部（巻之三、四）、橋艇之部（巻之五、六）、野堡之部（巻之七、八）、測地之部（巻之九、十）、全10巻から成る。巻之一は陸軍兵学寮の刊行、巻之二以降は陸軍省の刊行となっている。

　巻之一は明治六年の刊行で、工兵教師如兒旦閲、小菅智淵謹校、堀田敬直謹譯となっており、堀田敬直が訳しジュルダンと小菅智淵が校閲したものであろう。

　巻之二、三、四、五は明治7年、巻之六、七、八、九、十は明治8年刊行である（図7-1）。

　巻之三の冒頭に漢字片仮名交じりの文語文の緒言があり、そ

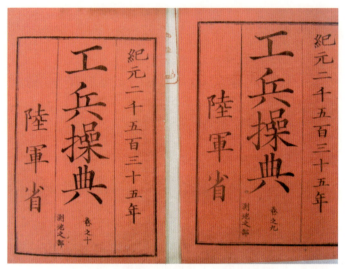

図7-1 『工兵操典』巻之九、十（国立公文書館）

れによると、

　原書「エコール、レジマンテール、ヂュジェニー」工兵聯隊學校
　「カイエ、ダンストリュクション、プラチック」實地教習録ト題シ（以下略）

とあり、原書はフランスの工兵連隊学校の実地教習録で、さらに緒言によると、これは坑道、對壕、橋舩、野堡、測地圖の5種から成り、1855年6月25日「佛國陸軍卿ノ撿閲開刷」したもので、「佛國工兵教師就爾檀、透耶兒ノ二氏此書ヲ我兵學生徒ニ講授スルヤ之ヲ譯述シテ筆記ノ勞ヲ省セシメントス」とあ

り、ジュルダンとヴィエイヤールがこれを用いて兵学寮で授業を行ったが、それを訳述して筆記の労を省かせようとし、そのために「小菅少教授天野大助教原大助教及神中少尉若藤十一等出仕等ノ數輩ヲシテ之ヲ譯セシム」と明治7年4月陸軍兵学寮第一舎長官武田成章が記しており、小菅、天野、原、神中、若藤ほかで訳したことが知られる。また敷月内で原稿を作成し、校正の暇なく活版に付し「其詳訂ノ如キハ他日ヲ期ス」と記している。

「エコール、レジマンテール、ヂュジェニー」は工兵連隊学校となるが、19世紀フランスではアラス、ヴェルサイユ、モンテリマールなどに工兵下士官教育の工兵連隊学校があり、その陸軍大臣検閲の教科書ということになろう。

図7-1で見られるように、巻之九、巻之十が測地之部で、巻之九は巻之九・十両巻の目次に続いて譯例77語、第一教から第四教と附図、巻之十は第五教から第八教、附録編と附図が付いている。巻之九と巻之十を合わせて、115葉、63図である。

その内容構成は

工兵操典（明治8年）
目次
巻之九
譯例
第一教
地理圖學の旨趣。平面測量及水準測量の區別。平面測量基礎の要領。縮尺。縮圖法
第二教

距離の測量に用ゆる器具、測鎖、劃度定規、直垂球、坑工水準器。此諸器具を使用して水平距離或は鉛直距離を測量する法

第三教

測地術に用ゆる公法。多角形圖根。多角形圖根を以て測圖を施す法。多角形を三角形に分解する法、交互線、道線。米突尺及ひ測地して測圖する法。測地線

第四教

「プランシェット」の測圖。「プランシェット」の解説及び其用法。道線法及交互線法の本性及闊大なる土地の測圖をなす操作。「プランシェット」の諸種使用。太陽の等陰を鑒視して子午線を畫する法

卷之十

第五教

「ブーソル」測圖。其解説及其用法。地上操作記簿。圖解操作。圖の標定

第六教

家屋側面。平面、截面、高面、斷面。其適度。總圖及碎密圖。應用器具。標高掌圖。圖之淨畫及其編成

第七教

水準測量。水準表面。比較表面。真高。測深。現見水準面。比較平面。坑工水準器。気泡水準器。水表水準器。標尺。水準測量の實行。道線法及半径線法に因る水準測量。操作簿箋。撿定法。目標。碎密水準測量

第八教

水準測量の續。斷面に因る水準測量並に水平曲線に因る水準

第7章 明治20年代までの『工兵操典』地図測量関係の部 99

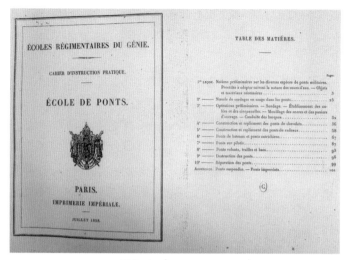

図7-2 École de Ponts

測量。断面に頼て水平曲線の定法。平地の水準測量。除地の結合

附録篇

探地測圖

となっている。

2015年5月パリに旅行した際、これの原書1855年のÉcole de Leversをフランス国立図書館や国防省公文書館で司書の助けを借りて探したが見つからず、「橋舩之部」の原書École de Pontsと1883年のÉcole de Leversがあったので、参考のために、前者は初めの部分、後者は全体をプリントしてもらって持ち帰った。

1855年のÉcole de Pontsと「橋舩之部」を突き合わせたと

ころ一致し、「第一教」は Leçon 1 の訳、以下同様であることが判明した。現在なら「第一課」とするところであろうか（図7-2）。

譯例では、77語の日仏語を対照して示しており、地理圖學（Topographie）、掌圖（Croquis）、水準曲線（Courbe horizontale）などのほか、水準測量（Nivellement）、平面圖（Plan）、平面測量（Planimétrie）、基線（Base）、圖根（Canevas）、道線（Cheminement）、測鎖（Chaîne）、標定（Orientation）、標尺（Mire）、測深（Sonde）など、現在も使われている用語が含まれている。

「プランシェット」（Planchette）、「ブウソル」（Boussole）は訳されていないが、それぞれ平板、測量用コンパスのことである。

附録編の「探地測圖」の冒頭に、「迅速地理圖學」の語があり、続いて「探地測圖は急迫の時に臨んで施行する處の測圖たり」とあり、迅速測図について説明している。

7-2 明治22年の『工兵操典第二版』測地之部

『工兵操典第二版』が明治16年から22年にかけて刊行されており、漢字片仮名交じり文語文の和装活版印刷本全10巻で、前回のものと異なり、緒言はなく、原書についての記述は見られない。

図7-3で見られるように、巻之十が「測地之部」で、おおよそ横13cm、縦18.5cm、陸軍大臣伯爵大山巖、明治22年9月17日陸達136号、改定の文書付きで発行、本文は附録を含め175葉、巻末に図が150、表が5（三角関数表（グラード）3とグラー

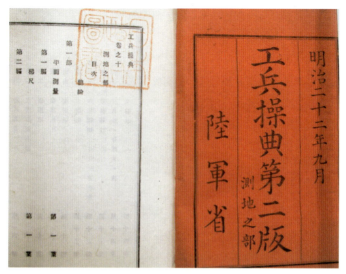

図7-3 明治22年の『工兵操典第二版』測地之部（国立公文書館）

ド・度換算表2）、例図が3（測板測図、図根線の「エクリメートル」羅鍼盤測量、「エクリメートル」羅鍼盤測量草図）付き、明治8年発行の『工兵操典』巻之九と十の合計115葉、63図より多い。附録以外の本文で通しで376章（現代なら条）が基本で、それを次のように、総論と3部、10編、さらに項などでまとめている。

　総論
　第一部　平面測量
　　第一編　梯尺、第二編　平面測量一般ノ方法
　　第三編　平面測量用ノ諸器械
　第二部　水準測量
　　第一編　水準測量ノ諸法、第二編　直接水準測量ノ諸器

械、第三編　間接水準測量ノ諸器械
第三部
　第一編　幾何法ヲ以テ土地ノ高低ヲ現ス法、第二編　水準測量、第三編　地形圖、第四編　家屋測圖
　附録　偵察測圖、地形ノ描畫法

　明治8年のものに無かった地形図製図が第三部第三編　地形圖と附録　地形ノ描畫法で加わっている。

　前述のように、フランス国立図書館に1883年のÉcole régimentaire du génie, lnstruction pratique, École de Levers（測地之部）があり、全体のプリントを持ち帰った。これは巻末の附録、付表を含めて213ページ、明治22年の『工兵操典第二版　測地之部』と通し番号376、附録も含めて150図など同一、以下のような構成で、1例として、図7-4の、第二部第二編直接水準測量ノ諸器械の冒頭部分の対照で明らかなように両者の対応が認められ、原書と推定される。

INTRODUCTION
PREMIERE PARTIE Planimétrie
Chapitre I Echelle, Chapitre II Méthodes générals employées pour l'exécution de la planimétrie
Chapitre III Instruments en usage pour l'exécution de la planimétrie
DEUXIEME PARTIE Altimétrie
Chapitre I Procédés de nivellement, Chapitre II Instruments de nivellement direct, Chapitre III Instruments de

第7章 明治20年代までの『工兵操典』地図測量関係の部

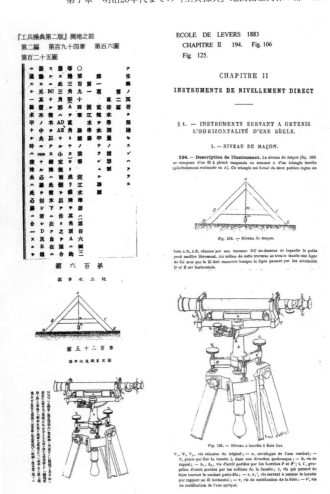

図7-4 『工兵操典第二版』（左）と École de Levers（右）を対照する

nivellement indirect
TROISIEME PARTIE
Chapitre Ⅰ Représentation géométrique du relief, Chapitre Ⅱ Levers nivelés, Chapitre Ⅲ Dessin topographique, Chapitre Ⅳ Lever de bâtiment
APPENDICE
Levers de reconnaissance, Modelé de terrain

7-3 明治26年『工兵操典』第七編 測量之部

　明治25年から26年にかけて、新たに『工兵操典』が刊行され、地図測量については、前回から4年後の明治26年5月8日陸軍大臣大山巌からの陸達51号、改正の文書付きで発行の第七編測量之部である。

　おおよそ横11cm、縦16cmで洋紙、前2回のものより小型で携帯に便利である。本文285ページで空白が少なく、巻末に折込で、図が123、三角関数表が3、例図が3付いている。

　その内容構成は以下の通りである。

　第一章　一般ノ解説
　　測量ノ目的及区分、梯尺
　第二章　平面測量
　　平面測量一般ノ方法、平面測量用ノ器械及其使用法、諸角ノ間接測量、米突測圖、土地ノ面積ヲ測量スル法、眞子午線ノ測定
　第三章　水準測量
　　總説、直接水準測量、水準測量用ノ器械及其使用法、土地

第7章　明治20年代までの『工兵操典』地図測量関係の部　105

 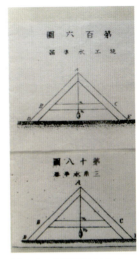

図7-5　明治26年『工兵操典』　　図7-6　明治22年（上）と
　　　　第七編　測量之部　　　　　　　　明治26年（下）
　　　　（偕行文庫）

　ノ高低ヲ現ス法、水準曲線ノ測圖、平坦地ノ水準測圖
第四章　平面及水準両測量同時ノ施行
　「ブーソル、ア、エクリメートル」ノ測量、「アリダード、
　ニベラトリス」ノ測量
第五章　地形圖ノ描畫
　總説
第六章　迅速測圖及路上測圖
　迅速測圖、路上測圖

　前回の明治22年9月17日陸軍大臣大山巌陸達136号の文書付きのものから4年足らずしか経っていない。明治22年のものはフランス国立図書館にその原書があり、明治8年のものはその

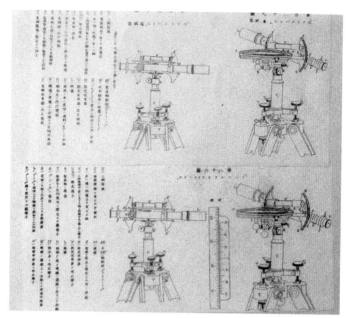

図7-7　明治22年（上）と明治26年（下）

シリーズの巻之三の緒言により、フランスの連隊学校用の教科書の直訳であることが示されている。

明治22年のものと同一の図が約80、全体の2/3程度占め、クレットマンの『地理圖學教程講本』のと同様のものもある。

用語は前回のものは明治8年の訳語を踏襲しているが、明治26（1893）年のものは、「測地」から「測量」をはじめ、「埈工水準器」から「三角水準器」など、三角関数表は前回のグラードから度に変更が見られる。

習志野原、西南戦争、関東地方での迅速測図などやその後のわが国での実践を踏まえて、前回までのものを特に後半組み換

え、「グラフォメートル」削除など取捨選択、当時使われているものを追加して、改正したものと思われる。

あとがき

2016年7月、パリを訪れ、念のため、フランス国立図書館、国防省公文書館、陸軍士官学校文献センターで、明治26年の工兵操典に対応する文書を学芸員の助けを借りて探したが見つからなかった。明治22（1889）年のものの原書が1883年の発行、その前が1855年だったので、次のものは未だ発行されていなかったであろう。

明治初期の陸軍顧問団招聘によるジュルダンやヴィエイヤール、クレットマンらからの直接的教育、前回までの『工兵操典』や『測地簡法』など原書直訳や『兵要測量軌典』のようなフランス砲工学校教科書からの抄訳の時期を経て、使用機器など、我が国の実情に即しての『工兵操典』測量之部作成に至ったといえるのではないだろうか。

おわりに

　わが国の近代地形図作成の始まりに関して、国内資料に基き多数の研究がなされているが、筆者はそれまであまり研究されていなかった明治前期フランスの地図測量技術導入の観点から見てきた。

　本書は、筆者がフランスと日本にまたがり、それまで知られていなかった事実を発見するたびに日本（国際）地図学会や日本地理学会大会、創価大学教育学部論集ほかで報告してきたものからとりまとめたものである。

　『陸地測量部沿革誌』はわが国の近代地形図作成について重要な資料であるが、参謀本部成立前の部分は、政府組織が流動的で、原稿作成の大正時代、草創時代の幹部は既に亡く、残存地図など断片的で、手近に利用できる記録が乏しかったのか、草創時代新人であった先輩たちからの聞き書きによると思われる部分があり、附圖第四圖「最初ノ近世式地圖」が『習志野原及周回邨落圖』原図の一部との記述がなく、附圖第五圖ノ三西南役ノ圖として「下志津及周回邨落圖」の一部をあげるなど情報不足、「函館新潟七尾敦賀等ノ海湾」の地図の目的明示なしなど視野が限られていると感じられる部分がある。本書はそれを補足するのに役立つであろう。

　明治前期、明治5年から13年にかけて、フランス第二次陸軍顧問団からの地図測量技術の直接的な導入が行われたが、その

おわりに

日本側受け手の第一人者は何と言っても小菅智淵である。幕末には幕府工兵隊の創設に努め、おそらく工兵中尉ジュルダンとも接触があり、維新後、兵学寮でのジュルダンとの『地圖彩式』、次いでジュルダン、ヴィエイヤール授業原本翻訳による最初の『工兵操典』、陸軍士官学校では『築城學入門』の著書もあるが、明治8年の大演習の際にはヴィエイヤール指導の『習志野原及周回邨落圖』作業に第六組で士官学校教官として参加するなど地図測量技術導入に積極的に貢献した。

小菅智淵は企画力に富んでいたようで、『陸地測量部沿革誌』によると、明治12年11月18日に陸軍士官学校教官から参謀本部測量課長に任命されると早速、三角測量を伴う「全国測量一般ノ意見」を提出し、費用多額で山縣有朋参謀本部長が難色を示すと、三角測量は研究課題とし、当面それまでにかなり大勢の士官・下士官が習得していたフランス式迅速測図で全国測量を行うという案の「全国測量速成意見」を提出し12月18日認可を得た。『測地概則』、『兵要測量軌典』を制定し、明治13年から関東地方で組織的に彩色の渲彩式の迅速測図作業を開始した。他方、同じく明治13年2月、大地測量事業取調掛を新設し関定暉、矢島守一などを担当者とし、三角測量の研究を始め、翌明治14年、東京湾口で「稍正則ナル三角測量」を実施、既成の図解的三角圖根の精度を比較検定し、「圖解三角法ノ到底大地域ニ應用スヘカラザルヲ實證」できたので、小菅課長は「今後ノ測量方針ヲ改定スル必要ヲ認メ編制及作業ノ法式ニ改正ヲ加ヘ」、意見具申し直ちに採用された。それに伴い実施体制を整え、明治16年、三角測量など基準点測量を行う大地測量は前年帰朝の「田坂測量長専ラ獨逸陸地測量部ノ法式ニ準據」、地形

図作成を行う小地測量は「佛國式ニ據ル渲彩圖式ニ換フルニ專ラ獨逸式ニ基ク一色線号式」とあり、この時点で、全国規模の地形図測量はフランス工兵測量方式から分離し、本書補遺の第2章で見られるドイツのプロイセン王国陸地測量部の方式に転換した。

　小菅課長、その助手の役割を務めた関定輝はジュルダンやヴィエイヤールなどから工兵測量の知識を得たが、工兵測量は局地的地図、構造物設置の基礎となるものである。全国規模の地形図作成を目指すに当たり、第2章で簡述したように、明治14年の東京湾口での結果などを踏まえ、憶測であるが、陸軍内の人材活用ほか諸般の条件を勘案し、ベルリンで陸軍の留学生として量地学を修学していた田坂虎之助の呼び戻し、大地測量長任命が合理的と判断し、その知識を活用して、普仏戦争勝利の作戦面での立役者モルトケ参謀本部長提案で1875年に設立され、直接水準測量も行っていた先進的なプロイセン王国陸地測量部を参考にすることとしたのではないかと思われる。

　明治16年、全国規模の地形図測量は工兵測量から分離したが、工兵測量は必要で、引き続きフランス式で行われ、両者は並行して行われた。

　第7章で見られるように、この後、明治22年　陸軍大臣大山巌　陸達第156号の文書付きで『工兵操典第二版』測地之部が刊行された。原書は1883年のフランス工兵連隊學校の教科書である。また明治26年　陸軍大臣大山巌　陸達51号の文書付きで『工兵操典』測量之部が刊行された。フランスに原書がなく、既に導入したフランス測量技術を咀嚼して作成されたもので主要なフランス語器具名が見られる。

明治26年の『工兵操典』測量之部は、地図測量技術教科書としての工兵操典では最後のもので、小林又七支店から発売され、明治30年再版、明治32年三版と、版を重ねているところから見ると、一般国民への測量技術普及向上にも役立ったのではないかと思われる。因みに、フランスの工兵連隊学校は、フランス革命以来の義務兵役制で集められた若者たちに、兵役期間中に工兵技術教育を施せば、除隊後、郷土のインフラ整備に役立つだろうという考え方もあったようである。

　この後、工兵操典は、明治33年の草按があるが、次の工兵操典は大正2年刊行である。内容は明治時代のものと大いに異なり、地図測量の部分は無く、技術教科書ではなく、実戦的で、まず兵士としての行動規範、次いで工兵としての行動規範を示すものとなっている。

　陸軍士官学校の地図測量関係教科書に第5章で述べた明治9年のクレットマンの『地理圖學教程講本』があるが、明治20年代のものとして明治28年改定『地形學教程』が残っている。工兵測量は引き続きフランス式であるが、国内では参謀本部陸地測量部によるドイツ式の地形図作成が進められており、陸地測量部を含む陸軍全体の指導者を養成する陸軍士官学校の『地形學教程』ではどのように対応しているであろうか。

　これは、巻之一、二と附録の略測圖實行法教法の3冊から成り、巻之一、二の構成は次の通りである。巻之一は、本文55葉、第一篇　総論、第二篇　地形ノ義解、第三篇　地圖ノ見解、巻末に折り込みで図が40、二万分一迅速測圖記號の表ほかがある。巻之二は、本文81葉、第四篇　測圖法、第五篇　方位定法、第六篇　廣地測圖、第七篇　略測圖、巻末に折り込みで

10版104図、表として手簿の例が4版付いている。附録の略測圖實行法教法は、本文17葉、第一篇　迅速測圖、第二篇　目算測圖、第三編　路上測圖で、巻末に例図が6付いている。

　大まかに見て、巻之一は地形・地物の知識と地図の知識と利用法、陸地測量部による地形図の整備が進められつつあり、既製の地図の活用法についてである。巻之二は自ら行う地図測量法についてであり、明治9年印刷のクレットマンの『地理圖學教程講本』の後継といえよう。

　巻之一の冒頭部分の緒言で、明治20年2月第一版編纂、その後ほぼ毎年改訂増刷、明治28年7月教官陸軍工兵少佐大木房之助改訂増刷と記載している。彼は陸軍士官学校明治8年入学の第一期生でヴィエイヤールやクレットマンの受講生ということになる。引用書目に7あり、獨國士官學校地形學教程、獨國 Kossmunn 地形學、墺国 Reitzner 地形學、工兵操典、陸地測量部地形測量教則、法國サンシール兵學校地理圖學教程、法國砲工實施學校地理圖學教程が挙げられており、うち工兵操典と法國（フランス）の2書がフランス式と云えよう。ここでの「地形學」、「地理圖學」はともに TOPOGRAPHIE の訳で、測量局の地形測量課とも関連して変更があったことが考えられる。

　『地形學教程』は明治30年代に改正、活版印刷洋装本になる。明治34年改訂のものは巻之一、巻之二と地形図利用中心の附録、地形學應用教例の3冊から成る。巻之一の冒頭の沿革によると、明治31年8月第一版改正第一版編纂、同32年7月、同33年6月、34年6月に改訂増刷している。引用書目には、野外要務令、陸地測量部の地形測圖法式草案、原圖圖式、製圖圖式

のほか、独書3、仏書1が挙げられている。構成は、明治28年のものの枠組みをほぼ踏襲し、巻之一は本文75ページ、第一篇、總論，第二篇　地形ノ義解、第三篇　地圖ノ見解、巻之二は本文177ページ、第四篇　測圖一般ノ方法、第五篇　測圖器械、第六篇　正測圖、第七篇　略測圖、第八篇　偵察及報告となっている。第五篇　測圖器械にはフランス語器械名が、「ブーソール」（羅針盤），「デクリナトアール」（方筐羅針），「アリダードニベラトリース」（測斜照準儀）など日仏両語併記のもののほか、ニーボーコリマトール、クリジメートルなどいくつか見られる。

『地形學教程』はその後も改訂されつつ昭和10年代まで印刷されて行く。明治34年のものは、デクリナトアールほかフランス語器具名がいくつか見られるが、次第に選別されるとともに国語化が進み、明治42年のものにはデクリナトアール、アリダードニベラトリースは残っているが、ブーソールは消えている。

大正8年のものでは、デクリナトアールは測板羅針、アリダードニベラトリースは測斜儀、クリジメートルは携帯測斜器などとなる。

大正になると空中写真が登場し、昭和15年改訂のものは、巻一、二の2冊で、巻一は緒言、第一篇　地形ノ見解、第二篇　地圖、第三篇　空中寫真ノ地圖的利用、巻二は第四篇　測圖、第五篇　地形ノ利用で、その後に附録と折込附図、付表が付いており、明治20年代以来の巻之一、二の基本的内容枠組みは保たれている。

先進国の技術を導入し、自国の技術水準が高まれば、影響が

次第に弱くなっていくことが考えられる。明治28年改訂の『地形学教程』では、巻之一にキュルビメートル（後に国産ではキルビメーター）、巻之二に上述のもののほか第七篇　略測圖にスタヂヤがあるが、大正以降は、この両語以外にフランス語が見られなくなり、明治前期フランス地図測量技術導入の名残りがごく限られたものになる。

　自国内に技術開発力があれば、導入技術を基に国産化、自国に適した技術開発を行い、世界のどこかで、空中写真など、新しい技術が生まれれば、適宜採りいれていくことになるであろう。

関 連 文 献

第1部の記述に際し、本文で記載している、史談会採集資料の『日本海岸防禦法考案』や海軍水路局の『大日本海岸実測圖』、クレットマンコレクションなどのほかに、参考にした文献をまとめて下に記す。

陸地測量部（1922）：陸地測量部沿革誌、同附圖
渡邉修二郎（1928）：明治年間陸軍各方面雇用の外国人　明治文化研究 vol.4, no.10, pp.56-72.
高木菊三郎（1931）：日本地図測量小史、古今書院　p.90.
水路部創設八十周年記念事業後援会（1952）：水路部八十年の歴史
清水靖夫（1967）：西海道全図について　地図 vol.5, no.2, pp.37-40.
建設省国土地理院監修（1970）：測量・地図百年史、日本測量協会 p.35.
関口正雄（1970）：明治8年測量「習志野原及周回邨落図」をめぐって　地図 vol.8, no.3, p.13.
藤井陽一郎（1971）：小菅智淵の生涯　測量 vol.21, no.3, pp.12-18.
海上保安部水路部編集（1971）：日本水路史　1871-1971　（財）日本水路協会
O'BRADY, Frédéric（1973）：Chronique des premières missions militaires françaises au Japon 1866-1868 et 1872-1880. "Revue Historique de l'Armée" 29-3, pp.48-63.
川上喜代四（1974）：海の地図　朝倉書店
吉村博道編（1988）：函館の古地図と絵図　道映写真　p.26.
諸橋辰夫（1989）：四国全図について『古地図研究』vol.20 no.1, pp.2-10.
建設省国土地理院監修（1991）：明治前期手書彩色関東實測圖　第一軍管地方二万分一迅速圖原圖覆刻版、同資料編（財）日本地図センター
佐藤侊（1991）：陸軍参謀本部地図課・測量課の事績3　地図 vol.29, no.4, pp.11-17.

日本国際地図学会ほか監修（1993）：大日本沿海実測図　伊能中図　武揚堂

新潟市（2003）：新潟港のあゆみ　新潟市　p.15.

ニコラ・ブイエヴェ＋松崎碩子（2005）：フランス士官が見た日本のあけぼの　IRD出版

クリスチャン・ポラック（2005）：筆と刀　日本の中のもう一つのフランス（1872-1960）　在日フランス商工会議所

渡邉一郎監修（財）日本地図センター編著（2006）：伊能図総覧（上）（下）河出書房新社

Collège de France, Institut des Hautes Études Japonaises（2015）：Deux ans aux Japon 1876-1878 Journal et correspondance de Louis Kreitmann, officier du génie

細井將右（2005）：明治初期フランス人地図学教育者ジュルダンとヴィエイヤールについて　日本国際地図学会平成17年度定期大会発表論文・資料集　pp.86-87.

同上（2006）：明治初期フランス人地図測量教育者ジュルダンとヴィエイヤールについて　創価大学教育学部論集　57号　pp.36-45.

同上（2007）：明治初期ジュルダンらによる『敦賀湾』ほかの地図について　日本国際地図学会平成19年度定期大会発表論文・資料集　pp.56-57.

同上（2008）：明治初期ジュルダンらによる『敦賀湾』ほかの港湾地図について　創価大学教育学部論集　59号　pp.13-22.

同上（2008）：明治初期ジュルダンらによる『敦賀湾』ほかの地図と伊能大図など　日本国際地図学会平成20年度定期大会発表論文・資料集　pp.48-49.

同上（2009）：明治初期ジュルダンらによる『鹿児島湾之図』について　日本国際地図学会平成21年度定期大会発表論文・資料集　pp.60-61.

同上（2010）：明治初期ジュルダンらによる『鹿児島灣之圖』ほかと『大日本海岸実測圖』中の『薩隅内海之圖』など　日本国際地図学会平成22年度定期大会論文・資料集　pp.36-37.

同上 （2011）：明治初期ジュルダンらによる『敦賀灣』の図ほかと英国製海図　日本国際地図学会平成23年度定期大会発表論文・資料集　pp.18-19.

同上 （2011）：明治初期ジュルダンらによる豊後水道の地図ほかと伊能図など　日本地理学会発表要旨集　No.80.　p.74.

同上 （2012）：フランス砲工学校教科書　ルアーブルの『地形図学教程』と『兵要測量軌典』　日本国際地図学会平成24年度定期大会発表論文・資料集　pp.28-29.

同上 （2012）：明治前期測量関東地方2万分1彩色地図とルアーブルの『地形図学教程』　日本地理学会発表要旨集　No.82.　p.85.

同上 （2013）：明治9年陸軍士官学校教科書　寓里越氏著『測地簡法』と屈烈多曼氏編輯『地理圖學教程講本』　日本地図学会平成25年度定期大会発表論文・資料集　pp.28-29.

同上 （2013）：西南戦争時の「迅速測図」と寓里越氏著『測地簡法』、屈烈多曼氏編輯「地理圖學教程講本」　日本地理学会発表要旨集　No.84.　p.82.

同上 （2014）クレットマンコレクションと『陸地測量部沿革誌』―『九州全圖』とジュルダンの「横須賀周辺」の地図―　日本地図学会平成26年度定期大会発表論文・資料集　pp.32-33.

同上 （2014）：クレットマンコレクションの地形図―『習志野原及周回邨落圖』、『下志津及周回邨落圖』―　日本地理学会発表要旨集　No.86.　p.73.

同上 （2014）：明治9年陸軍士官学校教科書　屈烈多曼氏編輯『地理圖學教程講本』、富里越氏著『測地簡法』など　地図　52-4, pp.1-7.

同上 （2015）：クレットマンコレクションの地形図と『工兵操典』（初版）測地之部　日本地図学会平成27年度定期大会発表論文・資料集　pp.18-19.

同上 （2015）：フランス陸軍教科書類翻訳の明治前期地図測量教科書類とその原書　日本地理学会発表要旨集　No.88.　p.55.

同上 （2016）：明治22年『工兵操典第二版』測地之部及び明治26年

『工兵操典』測量之部　日本地図学会平成28年度定期大会発表論文・資料集　pp.20-21.

同上　(2016)：明治26年『工兵操典』測量之部とその原書　日本地理学会発表要旨集　No.90.　p.56.

同上　(2017)：明治初期フランス地図測量技術導入とその後の20年—『地圖彩式』から明治26年『工兵操典』測量之部まで—　日本地図学会平成29年度定期大会発表論文・資料集　pp.26-27.

同上　(2018)：明治初期フランス地図測量技術の導入とその後　—全国地形図測量と工兵測量の分離—　日本地理学会発表要旨集　No.93.　p.186.

同上　(2018)：地図と私　明治初期フランス地図測量技術導入とその後について　地図情報　38-1, pp.36-37.

同上　(2018)：明治初期フランス地図測量技術の導入とその後—明治20年代の『地形學教程』への影響—　日本地図学会平成30年度定期大会発表論文・資料集　pp.22-23.

同上　(2018)：明治初期フランス地図測量技術の導入とその後—陸軍士官学校の『地形學教程』への影響—　日本地理学会発表要旨集　No.94　p.107.

補遺　外国の事例

フランスにおける近代地図作成

まえがき

フランスは、17-18世紀に他国に先駆けて、カッシニ4代により、全国的な三角測量による基準点の測量成果に基づいて地形図を作成することを始めて、一時期この分野で世界をリードした。また明治初期に我が国に陸軍顧問団を派遣し、陸軍教育の一環として、地図測量教育、最初の広域の地図作成において大きな影響を与えたことでも知られている。

しかし、フランスにおける近代地図作成については、部分的、断片的には知られているが、全体を通しては、わが国では、あまり知られていない。

ここでは、近年、フランス国立図書館や国防省文書館などで得た資料やフランスの国立地図作成機関たる国立地理調査所IGN のホームページなどから、地形図を中心に、フランスにおける近代地図作成の流れについて述べることとする。

1-1 17世紀中葉フランスにおける地図関係機関の創設

17世紀の中ごろの時点では、地図作成の分野でオランダが先行し、フランスは特に抜きんでた国ではなかった。その後、フランスがこの分野で突出したのは王立科学アカデミーの創設に負うところが大きい。

1-1-1 王立科学アカデミー（Académie royale des sciences）の創設

フランス王ルイ14世（1638-1715、在位1643-1715）の治世下、財務総監ジャン・バプティスト・コルベール Jean-Baptiste Colbert（1618-1683）は、舟運、通商、産業の振興のため、自然河川を介して大西洋と地中海を結ぶミディ運河の建設など大土木工事に関連して、国家の正確な地図作成の必要性を感じていた。彼は1666年に王立科学アカデミーをルーヴル宮殿内に創設し、1668年にその役割として次のような作業を課した。

（1）主要な地点のできるだけ精密な決定のために、国の周囲、特に港の天文学的位置の決定。

（2）三角測量の方法による子午線弧長の決定。

（3）上述の三角測量と結合した三角測量に基づいて、引き続き同様に地方の地図を作れるように、パリ周辺の地図を試験的に作成すること。

この仕事はアカデミー会員、ジャン・ピカール Jean Picard 神父（1620-1682）に委ねられた。コルベールは、ピカールを助けるために、1669年に有名なイタリアの天文学者、ボローニャ大学教授のジョヴァンニ・ドメニコ・カッシーニ Giovanni Domenico Cassini、フランス名ジャン・ドミニク・カッシニ Jean Dominique Cassini（1625-1712）を招聘した。彼は、木星の衛星の運行による経度決定法で知られていた。最初数年の滞在のつもりであったが、1673年フランス国王の臣下となった。この後、彼を初代として、その一族はフランス革命まで、2代目ジャック、3代目セザール・フランソワ、4代目ジャック・ドミニクまで4代にわたってフランスにおける測量地図作成事

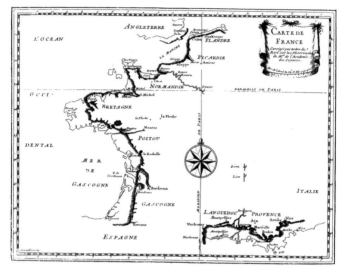

図1　ライールの地図

業に携わっていくことになる。

　前述の（1）の作業は1670年からピカールとカッシニの指導の下に木星の衛星の運行表を使用して天文観測により数年かけて行われた。ピカールとカッシニの協力者の天文学者ライール La Hire がその成果を用いて、フランス全図を既存の伝統的な方法による地図を修正して作成した。これは地理学者ニコラ・サンソン（1600-1667）の息子が1679年に太子に献呈した地図と比較して、東西、南北ともに大きく縮小し、ルイ14世をして科学アカデミーの人々は彼の国家の一部を取り上げたと嘆かせたと言われる。ライールの地図は、科学アカデミーに1682年に提出され、1693年に『科学アカデミーの人々の観測に基づき王の命令で修正された、フランスの地図』の標題で出版された（図

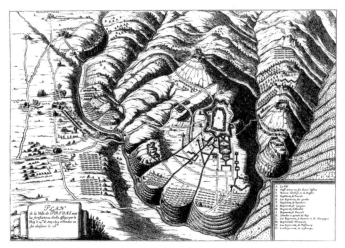

図 2　Privas 攻防の図（1629）

1）。

1-1-2　陸軍資料部（Dépôt de la Guerre）の創設

　フランス王国の軍隊制度を整備したルヴォワ侯爵、フランソワ・ミシェル・ルテリ（1639-1691）により、陸軍の組織と戦史に関する文書を管理するために、1688年、字義では戦争資料部となるが、実質的には陸軍が対象の陸軍資料部が創設された。この機関は、後にフランス革命のさなか1793年に再編成され、その後のフランスの測量地図作成を担う中心的な政府機関となる。

　この機関の業務は最初、地図に関しては受動的で、独自の活動がなく、測量や地図作成の業務は含まれていなかったが、各連隊で戦闘のために作られた地図が、次第に陸軍資料部に規則

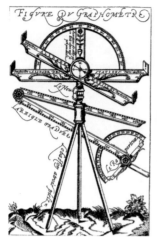 

図3 グラフォメートと局地的三角測量

的に集まるようになった。

　最初の頃の軍用地図は図2のように鳥瞰的な絵図で正確なものではなかったが、18世紀中頃になると、局地的な三角測量が用いられるようになった。先ず平坦な土地に基線を設け、入念に距離を測定し、そののち、グラフォメートルあるいは四分儀で角度を測定した。基準点の測量後、平板とアリダードなどで細部の測量を行い、地図を作成した（図3）。

　地理技師により作成された地図は大部分ペンと絵筆で彩色されて手描きのままであった。彫版は、手間と費用がかかり、また地図彫版ができる職人が少なかった。地図製図法については細かい規則がなく、細部の測量の後に地図の図郭外に風景を描くことは当事者に任せられていた。

　なお、19世紀半ばになると、第1部5、6章で見られるように、砲工学校教官グーリエの『測地簡法』が出て、わが国で明

治10年代半ばに作成された『関東地方 2 万分 1 彩色地図』は手描きで、図郭外に地域の代表的な風景が視図として描かれている。

1-2 フランス全土の三角測量

1-2-1 三角鎖測量の方法による子午線弧の長さの測定

　前述の科学アカデミーの作業（2）に関連して、1669-1670年に、ピカール神父はフランスで最初の三角鎖測量を北フランスのアミアン近郊スールドンとパリ近郊マルヴォワジーヌの間約130kmで行った。その三角鎖は帯状に配列した13の三角形から構成されており、その三角形の頂点は大部分が塔や鐘楼であった。測量の結果、子午線 1 度の弧長は57,000トワズとなり、これはピカールの想定値の範囲内に入っていた。

　ピカールはコルベールによりパリ天文台長に任命されたが、1681年に科学アカデミーに要望書を提出し、その中で地図作成のための細部測量を支えるために全国を三角網でおおう必要性を示し、手始めに彼の測量した三角鎖を北はダンケルク、南はスペイン国境に近いペルピニャンまで延長することを提案した。

　ピカールの計画の第 1 段階は、彼の死（1682年）の翌年その後継者カッシニにより開始された。

　フランス南方への三角測量はピカールの設けた基線から1683年に開始され、フランス中央部のブールジュまで迅速に進んだが、コルベールの死により中断した。1700年に 2 代目のジャック・カッシニ（1677-1756）により再開され、ピレネー山脈東部のカニグーCanigouまで中断なく進行した。

北部はライールが始めてすぐに中断し、1718年に2代目カッシニと2代目ライールにより再開された。子午線1度の弧長は北部では地球を球とした長さより短く、南部ではそれより長く、南北方面に長い楕円体であるという結果になった。

1-2-2 エクアドルとラップランドにおける子午線弧長測量

これは南北方向が短い楕円体であるとするニュートンやホイヘンスの説と矛盾していたので、三角測量の誤差によるものではないかと、当時の学界で大論争となり、科学アカデミーはブーゲー（1698-1758）とラコンダミーヌ（1701-1744）を長として赤道に近い、当時のペルー副王領、現在のエクアドルのキト付近へ1735-1743年、モーペルチュイ（1698-1759）とクレロー（1713-1765）を長としてスウェーデンのラップランドの北極圏付近へ1736-1737年測量遠征隊を派遣した。子午線1度の弧長は、ラップランドで57,483トワズ、ペルー副王領エクアドルで56,774トワズという結果となった。

1737年、ラップランド隊の帰還により、ラップランドでの子午線1度の弧長はフランスでのそれより長いことが明らかになり、ニュートンの説が実証されたので、科学アカデミーはペルー隊の帰還を待たず、パリを通る子午線の測量をやり直すことを決定した。

1-2-3 パリを通る子午線の第2回目の三角測量とフランス全土の測量

この測量は1739年、3代目セザール・フランソワ・カッシニ（1714-1784）とラカーユ神父により1739年開始された。パリか

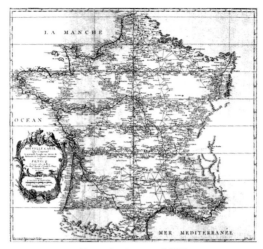

図4　カッシニの三角鎖図

ら南方は、パリからブールジュ、ブールジュからロデズ、ロデズからペルピニャンの3部分に分けられ、それぞれ基線測量と天文観測点による調整を行いつつ測量を進めた。南へ行くほど子午線1度の弧長が短いという結果となった。1740年、パリから北方、ダンケルクからパリの測量も行われ、子午線1度の弧長はパリの南でよりも長いこととなり、ラップランドで得た結果を決定的なものとした。

　他方、2代目ジャック・カッシニは、地理好きのルイ15世の支持を得て、パリの子午線に直交する方向の三角鎖の測量を1733年に開始し、彼と3代目セザール・フランソワ・カッシニ、その従兄弟のマラルディ、ラカーユ神父の指導の下に進められた。パリを通る子午線に直角方向の三角鎖7本と、平行な三角鎖4本と補足的な三角測量から構成される主要な部分が

図 5　ヴィヴィエのパリ周辺の地図（1678）

1744年に終了した（図 4）。

1-2-4　パリ天文台とグリニッジ天文台の間の測量

　3代目セザール・フランソワ・カッシニは、1783年イギリス政府に親書を送って、両国共同でドーバー海峡にまたがる三角測量を行い、パリ天文台とグリニッジ天文台の位置関係を明らかにすることを提案した。カッシニの提案はロンドン王立協会に付託され、イギリス側の責任者にウィリアム・ロイ少将が指名された。1787年9月、ロイはフランス側の4代目ジャック・ドミニク・カッシニと計画を練り、ドーバー海峡横断の三角測量を実現した。

第 1 章 フランスにおける近代地図作成 129

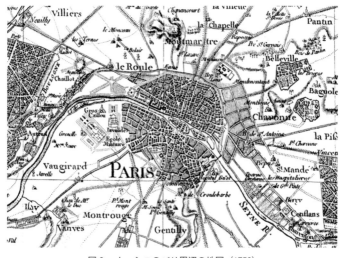

図 6 カッシニのパリ周辺の地図 (1756)

1-3 科学アカデミーの地図

1-3-1 パリ周辺の地図

　前述の科学アカデミーの作業（3）に従って、ピカールの監督の下、ヴィヴィエ技師が1669年にパリ周辺の地図作成に取り掛かり、1671年から彫版、1678年に縮尺1：86,400（100トワズが1リーニュ）のパリ周辺地図9図幅が刊行された。

　図5はそのパリ付近の部分を示す。パリの市街が描かれ、セーヌ川が東から西へ貫流し、シテ島が描かれている。ノートルダム寺院は既に数百年も存在しているが、表示されていない。市街東縁と北西縁には囲壁が描かれている。崖、急斜面はケバで表示されているが、高さの表示は無い。道路は市街地の中は描かれているが、郊外では全然描かれていない。周辺の集

落についてはその規模により、集落の記号、地名注記の大きさを違えている。

ヴィヴィエはその作業を南西方へ継続し、1681年に科学アカデミーに原図を提出したが、彫版されなかった。

1-3-2 カッシニの地図

18世紀半ば、3代目カッシニがルイ15世の命令を受けて、前述のパリを通る子午線とフランス全土の三角測量による基準点の成果を基に、縮尺1:86,400の地図作成を1750年に開始し、作業は個々の地図ごとに技師に委託して行われた。最初に、パリとその北方ボーヴェイの地図が1756年出来上がり、その周囲の地図も作業が進行し、1760年には59図幅が終了した。

図6は、そのパリ周辺の部分を示す。図5から約80年経っている。ノートルダム寺院のところに正しく教会の記号が表示されている。囲壁が取り払われ、市街地が東方や南方に拡がり、西側には士官学校 École Militaire や療養院 Invalides が表示されている。道路は市街地内のみならず、郊外でも描かれている。崖、急斜面がケバで表示され、高さの表示のないことは図5と同様である。

その投影図法は、横軸正距円筒図法たるカッシニ・ゾルドネル図法でパリを通る子午線を中央子午線とした。カッシニの地図は、科学アカデミーが関係していたので「科学アカデミーの地図」とも、パリ天文台に保管されていたので「天文台の地図」とも呼ばれた。

しかし1756年に七年戦争が始まり、カッシニの抗議も空しく、予算がカットされた。資金不足を補うため、50人から成る

第1章 フランスにおける近代地図作成 131

会社を作り、ポンパドウル侯爵夫人やビュッフォンなど当時の著名人、有力者からの基金や、購入予約者を募り資金を集めたが、それでも足りず、対象地域の地方政府からの出資にも頼った。1789年のフランス革命勃発時点では細部測量は完了していた。3代目カッシニは1784年に没し、4代目カッシニ（1748-1845）が引き継いだ。

1793年まで、科学アカデミーのカッシニの測量資料や地図資料はパリ天文台で保管され、カッシニ会社が管理していた。革命が進行し、対外戦争遂行のため、1793年国民公会により国有化され、補償なしで陸軍資料部の所管とされた。

1793年1月、ルイ16世が処刑され、4代目カッシニは王室と親しかったということで投獄され9か月間獄中にあったが、無事釈放された。

1-4 メートル法の制定

メートル法施行以前のフランスの長さの単位は、トワズ toise＝6 pieds＝1.9490112m、ピエ pied＝12 pouces＝0.3248352m、プース＝12lignes＝27.0696mm、リーニュligne＝2.2558mm であったが、地域により長さに違いがあった。

フランス革命にともなう憲法制定議会により、1790年に普遍的な単位を求めて度量衡委員会が設置された。この委員会は、長さの単位として、子午線全周の4分の1の1,000万分の1を採用することを決定した。そのため、地球楕円体の大きさを従来以上の正確さで決定する必要が生じた。ブーゲーがペルーで測定した弧長と新たなフランスの子午線の弧長を組み合わせる案が1791年採用され、フランスの子午線の新たな測量が、1792

年天文学者のドランブル Delambre（1749-1822）とメシャン Méchain（1744-1804）により開始された。種々の困難があったが、1799年完了し、子午線の4分の1は5,130,740トワズ、1メートルの長さは0.513074トワズとなった。

1-5 陸軍資料部の再編成と地形図

1793年、陸軍資料部が再編成され、カッシニの地図を完成させる仕事を引き継いだ。

この時点で、カッシニの地図は182図幅のうち165図幅が完成し、11図幅が彫版中、他は測量されていたが、製図されていなかった。革命期とナポレオンの帝政期中、陸軍資料部は、戦地での地図作成のほか、カッシニの地図の修正、補完を行った。

18世紀末まで、陸軍資料部は、カッシニの図法より望ましい投影システムについて考えていなかったが、1801年南西ドイツのバイエルンやシュワーベンの地図を作るに際して、カッシニの図法によると歪みが大きくなるという問題が生じた。

それゆえ、1802年、陸軍資料部長、サンソン将軍を委員長として、地形図委員会が開催され、地図に関係のある、陸軍（陸軍資料部と工兵隊）、鉱産、土木、森林、海軍、植民地等の各省代表が集まり、地形図はいかなるものであるべきか、地形図の骨組み、縮尺、海抜高度と地形表現法（等高線、ケバ、陰影）、記号、注記、図郭、彫版方法などについて議論した。

利用目的により地図に求める条件が異なり、行政は面積、陸軍は距離、海軍は方角が正しく表現されることを望んだ。どの投影図法も同時にこれらすべての条件を充たすことができないので、陸軍資料部の地形図としては、行政的利用に応え、陸軍

の利用もほぼ満足させる正積図法のボンヌ図法を1803年採用することとした。

1-6 フランス地図（参謀本部地図）の作成

ナポレオンの帝政末期、フランス国内での防衛戦において、カッシニの地図は、将軍たちから、高度表示がない、地形表現が弱い、地名が不正確、地図ごとの表示の違いがあることなどにより、手直ししながら使ったが、軍用地図としては欠陥があるとの指摘があり、他方、その銅版の多くが既にすり減っていたので、新たに地形図を作成する必要が生じていた。

王政復古後、1817年国王ルイ18世の勅令により、「フランス地図王立委員会」が設けられた。天文学者ラプラス委員長の下、地図に関係のある各省、陸軍、土木、鉱産採石、海軍、地籍の代表が集まった。「すべての公共サービスに適し、地籍事業と結合した新しいフランスの全国地形図計画」を検討することが使命であった。王立委員会は初めに陸軍資料部と地籍局のそれぞれの分担を決めた。陸軍資料部は基本的な測地作業、一・二等三角測量、地籍局は三等三角測量と地籍調査、及び1万分1地籍図原図作成を行い、その成果を陸軍資料部に渡し、陸軍資料部が地図の形にして刊行するものとした。

1818年から作業を開始した。王立委員会は、1万分1で測量し、10万分1で印刷と決定したが、1821年に陸軍資料部長のプロシェ将軍が、公共機関が要望する5万分1と陸軍が要望する10万分1の中間をとり、漸次置き換えられて行く既存のカッシニの地図とも近い8万分1を提案した。地籍局の1万分1図の精度がよくなかったので、二・三等三角測量の新たな測地デー

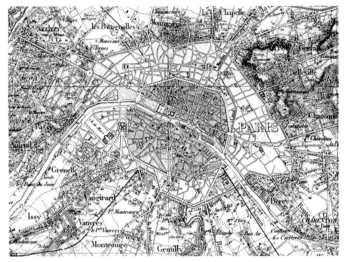

図7　1:80,000 参謀本部地図（パリ周辺）(1833)

タを加え、1824年から縮尺1:20,000あるいは1:40,000で平板測量を行うこととして開始し、測量は1866年に終了した。最初の1:80,000地形図は1833年に刊行されたが、全国については1880年までかかって刊行された。一般に「参謀本部地図」（Carte d'État Major）と呼ばれている。

　投影はボンヌ図法で、黒1色、メートル法採用、地形はケバで表現、銅版印刷、全267図葉でフランス全土をカバーしている。

　図7はその1例で、図5、6とほぼ同じ地域を示している。図5、6と比べ、ケバで細かく地形が表現されている。集落について建物が細かく表示され、道路の表現も詳しくなっている。

　王立委員会の決定によると、フランス地図の三角測量は、基

本的な経線と緯線で形作る一辺200kmの四辺形の中に一等三角網、その中に二・三等三角網があるが、1818年から同時に実施された。陸軍資料部の地理技師の三角測量はカッシニのものより優れており、一等三角測量はラプラスの計画に対応していたが、他のものは経済的に、地図の精度に見合ったものであった。

水準測量は三角水準測量で、一等三角点が高度基準点となった。時に数メートルの誤差があったが、フランス全土の高度測定としては初めてのものであった。

この8万分1フランス地図の平均的な1図幅を仕上げるのに、もし1人でやるとしたら23年かかり、その内訳は、測地測量に1年、細部測量に8年、製図に4年、彫版に10年であった。

1-7 フランス地図の維持管理

フランス地図の測量は、1830年からの鉄道建設や1836年の法令に基づく集落間の道路改良など交通網の発展と時期を一にした。現地測量から発行までにかなり時間がかかり、発行した時には現況に合っていない恐れがあった。それで1841年から印刷用原稿図を県知事あてに地名と交通路の検証のために送り、他の行政機関からの情報も収集して地図の現況化に役立てた。

1860年から、系統的定期的に、北から南へ、地方ごとにこれら諸機関からの情報により修正することに決定した。1866年頃、現地機関からの情報の中に、計画中止となった交通路が入っているなど欠陥のあることがわかり、1867年から現地機関からの情報を担当将校が現地確認の後採用することにした。

普仏戦争後の再建に当たり、地図修正の緊急性が強まり、駐屯地付近の1:80,000地図の部分修正の機会に、関係地区の将校の現地踏査による修正作業が試みられた。各軍団に参謀将校を長とする地形測量担当部署が作られた。その役割は担当地域の1:80,000地形図を完全状態に維持することで、公的機関から収集した情報を現地で検証した上で報告することであった。現地踏査は担当部署参謀将校の指導監督の下に専門外の部隊将校により実施された。分権化により、現地作業の監督は陸軍資料部の手を離れ、軍団で行われた。このシステムは1875年に始まり、1883年の第1回修正完了で終了した。軍団による地図修正作業は参謀本部地図の質の低下をもたらしたので、1887年の陸軍地理部設立後、1889年に少数の経験を積んだ将校による修正に切り替えた。

1-8 陸軍地理部（Service Géographique de l'Armée 略称 SGA）の設立

1887年、陸軍資料部の地理関係部門から陸軍地理部が設立された。

この陸軍資料部はもともと地理関係と歴史関係の部門から成り立っていたが、歴史関係部門が一足早く、1885年に陸軍歴史部として分離独立し、軍旗ほか資料の保管、戦史編纂などを行った。

陸軍地理部は1940年まで測地作業、縮尺1:80,000の参謀本部地図の維持管理ほか、第1次世界大戦中は主要な戦場において縮尺1:5,000、1:10,000、1:20,000の砲撃用地図を作成し、第1次、第2次両大戦間は1:10,000、1:20,000の実測図を基に等高

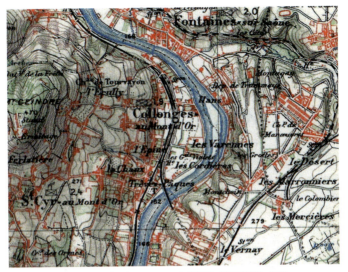

図8　陸軍地理部の1:50,000の地形図（1900年型）の例

図9　陸軍地理部の1:50,000の地形図（1922年型）の例

線による縮尺1:50,000地形図の作成に力を入れるなど、海外植民地の地図を含め、大小縮尺の地図作成を行った。

陸軍地理部の1:50,000地形図の1900年型の例を図8に、1922年型の例を図9に示す。1900年型は人家を赤で表示するなど、第1部第3章の『地図彩式』と似ているところがあるのに対し、1922年型では黒となっている。

1939年9月現在で、空中写真撮影を除いて全部で最大1,500名の職員が従事していた。

1-9 国立地理調査所 (Institut Géographique National 略称 IGN) の設立

フランスの現在の公的な地図作成機関は、国立地理調査所である。

第2次世界大戦初期、1940年に、それまでの陸軍地理部と、1884年にフランスで最初の恒久的な水準測量機関として設立されたフランス全国水準測量部の業務を統合して民事の機関として設立された。

第2次世界大戦終了後、IGNは旧フランス領地域から成るフランス連合の地図作成を行うとの壮大な計画を立てた。最初は地上測量、次いで空中写真測量に移り、B17爆撃機、1958年からユレル・デュボワ機が導入された。その後旧植民地の独立にともない、海外協力の方向に進んでいったようである。

IGNは1967年に予算的な独立性が強い公的な行政法人となった。

以下、2001年現在で述べると、1800人以上の職員が、測地、水準測量、空中写真、地図作成、地理データベースに関連した

第1章　フランスにおける近代地図作成　139

業務に従事している。

　中央の機関として、パリ7区グルネル通りの本部に総務部、商業部、通信部、人事部があり、パリ東郊サンマンデに生産部、技術部、国際・ヨーロッパ活動部があり、パリ東方の3県にまたがるニュータウン、マルヌラヴァレのデカルト研究学園地区にかつてサンマンデにあった国立地理科学学校（略称ENSG）がある。

　地方の機関としては、リールに北部センター、ナンシーに北東センター、ナントに中西部センター、そのほか中東部センター、南西部センター、ミディ地中海センターがある。

　IGNの現在の業務は1981年5月12日の法律81-505で規定されている。国土全体に測地網、水準の測量網を設け、維持すること、空中写真の整備、基本の地形図、それから派生する地図の作成維持管理、空中および宇宙リモートセンシングの地理的利用、地図データの数値化と主題図作成、上記活動に関連する研究の実施、関連する文書を図、写真、あるいは数値の形態で作り出し、刊行し、配布すること、上記諸活動に伴う文書特に空中写真を保管すること、国立地理科学学校の活動を指導することである。

　IGN関連の海外活動の機関として国際フランスIGNが株式会社として1986年に設立された。資本金の2/3はIGN、残り1/3は提携会社の5社が出資し、うち2社はスペインとイタリアの会社である。

　IGNはその前身の陸軍地理部以来、航空撮影に熱心で、1938年に双発のPotez 540を4機、写真撮影用に導入した。現在IGNは自前の航空隊を保有している。それは4機の双発

ターボプロペラのビーチクラフト・スーパーキングエアー200Tと2機のミステール20から構成されている。1921年以来撮影された空中写真は400万枚以上になる。この航空隊は5月15日から9月15日、条件がよい場合は10月15日までフランス本土で撮影を行い、その後は、海外作業のため、赤道方向へ移動する。

 伝統的な測地基準点網はNTF（フランスの新三角測量）の8万点からなる。最近はNTFに代わるものとしてGPS技術による三次元的なRGF（フランス測地網）が登場し、整備中である。フランスの水準点は道路に沿って平均800m間隔で35万点あり、マルセイユの験潮所の値を基準としている。

文　献

1　Ministère de Défense Nationale et de la Guerre (1938): Le Service Géographique de l'Armée
2　Rebecca Stefoff (1975): Maps and Mapmarking, The British Library
3　J.-L.Margot-Duclot (1978): La France à l'Echelle, Solar
4　G.Alinhac (1985): Historique de la Cartographie IGN, ENSG
5　Josef Konvitz (1978): Cartography in France 1660-1848, The University of Chicago Press
6　IGN (1999): 1940-1990: Une Histoire Mouvementée
7　Larousse: Grande Dictionnaire Encyclopédique
8　IGN: Dessine-moi une carte
9　IGN (2001): IGN Magazine 7
10　IGN: Catalogue IGN 2001
11　IGN: http://www.ign/fr （IGNのホームページ）
12　細井将右 (2004)：フランスにおける近代地図作成、創価大学教育

学部論集第55号　pp.39-50.

フランス国立地理調査所作業棟　2011年6月29日　著者撮影

プロイセン王国(ドイツ)における近代地図作成

まえがき

　我が国の地形図作成は、1880年代に関東地方の彩色迅速測図に代表されるフランス式からその後ドイツ式に改められたといわれている。1888年に設立された我が国の地形図作成専門機関、陸地測量部は、名称からドイツのプロイセン王国陸地測量部をお手本としたものと思われ(注1)、陸地測量部の測量用語でも、三角点(注2)、測板(平板)などドイツ語からの訳語と思われるものがある。

　ここでは我が国の初期の陸地測量部に大きな影響を与えたと思われるドイツ帝国の中核となったプロイセン王国における近代地図作成について、ベルリン国立図書館(略称SBB)の出版物およびその所蔵地形図ほかにより、その概要を見ることとする。

　なお、プロイセン王国は、プロイセン公国と同君連合の神聖ローマ帝国ブランデンブルク選帝侯ホーエンツォレルン家のフリードリヒ3世が、スペイン継承戦争の開始に際して、オーストリアを支持するという交換条件で、神聖ローマ帝国皇帝レオポルト1世からプロイセン公国を王国に昇格させる認可を得て、1701年1月18日、東プロイセンのケーニヒスベルク(現カ

リーニングラード）でプロイセン国王としての王冠を受け、プロイセン国王フリードリヒ1世となって、実質上始まった。プロイセン王国の当初の領域は東プロイセンとブランデルブルクなどであり、その政治的中心は、ブランデンブルクのベルリンで、地方名のプロイセンと国家としてのプロイセン王国の領域にはずれがある。プロイセン王国はその後領域の消長があったが、1871年ドイツ統一を成し遂げ、連邦制のドイツ帝国の中核となった。1918年11月第一次世界大戦末期、ドイツ革命が起き、プロイセン国王かつドイツ皇帝たるヴィルヘルム2世はオランダに亡命した。共和制となり、プロイセン王国は終わりを告げた。

2-1 18世紀における地図作成

1700年、数学者ライプニッツの勧めで、フランスより34年遅れで、ベルリンに科学アカデミーが設立された。フランスと異なり、18世紀には、測地基準点測量に基づく地形図は作成されなかったが、国境・近隣地域の地図のほか、土地境界地図、運河地図や開拓治水用地図、測地基準点測量なしの地形図、郵便地図、学校地図帳など実用的な地図が作成された。

2-1-1 土地境界地図

1640年にブランデンブルク選帝侯となったフリードリヒ・ウィルヘルムは、17世紀当時繁栄し低地開発の進んでいたオランダで4年間プロテスタントの経済精神と実践を学び、オラニエ王家の息女を娶った。1648年まで続いた三十年戦争による国土荒廃、人口減少から立ち直るために1685年の勅令でフランス

の新教徒ユグノーを受け入れた。ユグノーの中には土地測量家もおり、18世紀以降も活躍した。1702年と1704年に土地測量の規則と指示が出され、土地境界地図の縮尺は1:5,000とされた。最初、土地測量家の養成施設はなく、父から息子へと技術が伝えられた。測量には測鎖と測量用コンパスが用いられた。土地境界地図は手描きで、多色の地図も作られた。

2-1-2 運河地図と開拓治水用地図

プロイセン王国の領域では、オーデル川がバルト海（ドイツでは東海 Ostsee）、エルベ川が北海へと北方へ流れ、後にはライン川も一部領域に含まれるが、これらの河川をつなぐ内陸運河が発達している。その最初の大規模な運河はベルリン北方、エバースヴァルデ付近を東西に通じるフィノウ運河で、エルベ川水系のハーフェル川とオーデル川を結ぶものである。この運河の最初のものは1620年に15年の歳月をかけて完成したが、三十年戦争の間に荒廃した。新しい建設が1743年から1749年に行われた。この運河について、1785年ゾッツマン作成による、1620年と1743年時点の現況を示す図が作られており、他に、オーデル川とハーフェル川支川で首都ベルリンを貫流するシュプレー川を結ぶ運河の地図なども作られた。

プロイセン王国では、経済発展のために、他地域からの入植者を募り、北部の低地の開発を進めた。雪解け時や夏に洪水氾濫があり、入植者が大きな損害を被った。治水工事が行われ、関連した地図が作られた。ヴォルトマン1740年作成による、手描き彩色の、ベルリン東方、オーデル川流域フランクフルトの約10km下流側のレブス低地の地図では、1717年にプロイセン

図1　土地開発・治水用のレブス付近の地図（中心部分）多色　手描き　SBB

国王により建設されたオーデル川両岸の堤防が描かれ、湾曲部の短絡のための捷水路も見られる（図1）。

2-1-3　測地基準点測量なしの地形図

　国王からプロイセン科学アカデミーの事務局長に任命されていたザムエル・シュメッタウ元帥は、フランスの子午線弧長測量をお手本にして、1749-50年に、ドイツにおける弧長測定のための三角測量を実施したが、プロイセン国王フリードリヒ2世（大王、在位1740-86年）の、国外の敵を利するという理由からの拒否反応のために、機密扱いで行わなければならなかった。

　しかし、この測量成果により、プロイセン科学アカデミー発行の学校用の「地理アトラス」の中の地図上の地点位置が修正

図2　シュメッタウ作成5万分1地形図　ポツダム図幅（部分）多色　手描き　SBB

された。1776年になってこの成果が公表されたが、この三角測量は、地形図測量の基準となる三角測量網を設けず、その三角測量網を密にしようとする事業は国王の反対と測量人員不足により挫折した。

　シューレンブルクケーネルト大臣は5万分1地形図を国家行政の手段として提起し、そのための地形図測量を発注し、1773年ごろから87年にかけて、カール・シュメッタウ（上述の元帥の息子）の協力により実現した。その地形図は天文測量・測地測量の基盤が欠けていたが、この地形図測量によりブランデンブルク、ポンメルン、東プロイセン、西プロイセンほかプロイセン王国地域の初めて正しく詳しい全体像が提示された。

　図2は、シューレンブルクケーネルト発注、シュメッタウ作成の手描き彩色、5万分1地形図の例で、ポツダム図幅（部

分）である。地形はケバで表現され、中央やや左上にフリードリヒ大王により建設されたサンスーシ宮殿、左端に新宮殿が描かれている。

この地図資料から、さらに1:10万地図シリーズが作成された。そのほか、ベルリンの地図作成者ゾッツマンは、プロイセン科学アカデミーからプロイセン王国地域の概観図出版の委託を受け、その作業にこの地図資料を利用した。

2-1-4 その他

1770年から1782年にかけて、プロイセン王国の地方ごとの郵便地図が内部用に手描き、彩色で作られた。諸方面への郵便馬車のルートが示されており、フリードリヒ2世は詳しい正確な地図が国外の敵に渡ることを嫌い、複製させなかった。

プロイセン科学アカデミーは、1748年学校用の「地理アトラス」を計画し、初版を1751年、その修正改定した第2版を1760年、第2版そのままの第3版を1777年に発行した。

2-2 19世紀初めにおける測量地図作成事業

1805年、民事のプロイセン王国統計局が設立され、国家統計の統合、面積計算、そのための「特別土地測定」を行い、陸軍の協力により測量地図作成を行うこととなった。しかしその測量地図作成事業はナポレオンとの戦争のため遅延し、漸く、1810-1812年になって、東プロイセンと西プロイセンで1796-1802年に測量の経験を積んでいたテクストル砲兵大尉によりブランデンブルクとポンメルン地方で三角測量が実施された。これはオーデル川から西へベルリン、ラテノウを経てマグデブル

クまでの帯状の三角鎖測量と、ラテノウから北西へプリグニッツまでの三角鎖測量からなり、東端のオーデル川河畔のキュストリンと西端のプリグニッツで基線測量を行い、旧ベルリン天文台で天文観測が行われた。しかし、1812-15年、ナポレオンのロシア遠征とそれに続く戦争により中断し、この事業は未完成のままに終わった。

2-3 陸軍参謀本部における測量地図作成事業

ナポレオンとの戦争敗戦後の国政改革の一環として、1809年プロイセン王国に戦争省が設置されたが、1814年、この戦争省は2部門に分けられ、その第1は総括的戦争部門、第2は兵士の教育と地図類の調製関係などの部門で、ドイツ参謀本部と関係している。陸地測量業務が統計局から参謀本部に移管された。参謀本部の測量部門の長はミュフリング将軍で、その下に天文三角測量科（科長はエズフェルト）と測量地図科（科長はデッカー）に分かれていた。

1815年、ウィーン会議の結果、プロイセン王国はライン川中流域を獲得した。測量部長のミュフリング将軍は、ライン川左岸地域においてフランス人トランショが1801年以来、フランスのカッシニ地図の延長事業として行っていた地形図作成事業成果を引き継ぎ、ルコックによる1795-1805年のヴェストファーレンの地形図測量をマイン川流域まで広げることとして、コブレンツに地形図測量事務所を設け、プロイセン王国の西部地域の陸地測量を担当することとした。

1816年からプロイセン王国東部の陸地測量も陸軍の参加によって行われるようになり、すべての測量業務が参謀本部に移

管された。

　デッカー測量地図科長は1816-1821年に1：25,000地形図を直交座標システムで縦横それぞれ1プロイセンマイル（約7.53km）の正方形区画で作成した。

　ミュフリング測量部長の「プロイセン参謀本部地形図測量作業指示」やデッカー測量地図科長の「プロイセン参謀本部地形図測量図式説明」などに則り1822年から参謀本部将校の指揮の下、統一的に平板測量により地形図が作成されるようになった。ミュフリング部長は、1：25,000地形図を測地基準点に基づいて平板測量により多面体図法で作成することとし、その地形図の区画を南北方向6分、東西方向10分とした。後に参謀本部長になるモルトケも参謀本部将校として平板による地形図測量に従事し、若くしてその指導書を著した。

　1820年以降、1876年までに地形図測量に全部で650人の陸軍将校が従事し、2,900面完成した。1850年から下士官が約100名平板測量に従事し、330面作成した。

　1830-1865年の時期に、それまでの測地事業は基盤が不統一のために科学的な要求に応えることができないとの認識に従って、改良した技術方法による三角測量が実行あるいは再度実行された。以下に特筆すべきものを挙げると、

　1832年-1836年にベッセルとバイエルにより東プロイセンにおける弧長測定が行われた。
　1835年にバルト海沿岸のズヴィネミュンデ～ベルリン間の幹線水準測量
　1842-1845年にシュテッチン～ベルリン間の三角鎖測量

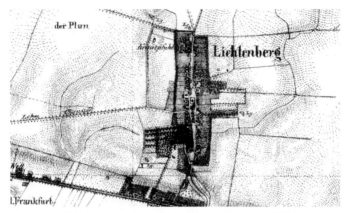

図3　1:25,000 地形図ベルリン図幅（部分）　1835年　多色　手書き　SBB

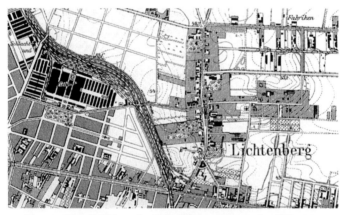

図4　1:25,000 地形図ベルリン図幅（部分）　1903年　1色　銅板　SBB

1852-1853年にヴァイクセルの三角鎖測量
1855-1856年にメクレンブルクの三角鎖測量が行われた。

　同様に精度の向上を求めて地形図測量の改測が行われた。初期の地形図は、手描きで、ケバ式、多色（図3）であったが、後には等高線式、銅版印刷（図4）に変わっていく。

　1865年、参謀本部の三角測量科から陸地三角測量事務所が作られた。その業務は特に東部6州の三角網を密にすることで、従来の1平方プロイセンマイル（約56.7平方km）2～3点に代わって10点の標石のある三角点を設置することであった。1867年この事務所により試験作業としてベルリン周辺で三角測量が行われた。

　同じく1865年にベルリンに中央ヨーロッパ緯度測定中央局が、文化省管下の科学的研究機関として設置された。中央局局長にバイエル将軍がなり、彼の目標は軍の陸地測量の測地学的問題を解決することであった。それまで参謀本部では三角水準測量が通例であったが、陸地三角測量事務所では、中央局の勧めにより、1867年以降、直接水準測量を実施するようになった。1868-1894年にプロイセン王国全土を覆う水準測量網が設けられた。

　1870年、モルトケ参謀本部長の指示により、プロイセン国家のすべての測量作業を調整し、専門各省の経済関係活動を支援するために、測量中央委員会が創設された。組織の整備と技術方法の向上により、他のヨーロッパ先進諸国の水準に達した。

　普仏戦争勝利の結果、1871年プロイセン王国を盟主とする連邦制のドイツ帝国が成立した。

1872年、プロイセン王国はメートル法を導入し、これ以降すべての測地地図作成作業に適用されるようになった。

2-4 プロイセン王国陸地測量部 Königlich Preußische Landesaufnahme による測量地形図作成作業

測量中央委員会の詳細な検討の結果として、参謀本部の陸地測量の技術的部門はすべて測量部長に指導されるべきであるとの要請に応えて、モルトケ参謀本部長の提案により、1875年にプロイセン王国陸地測量部が設置され、陸地測量部長は参謀本部の全部の測量・地図作成作業の実施を監督することになった。

陸地測量部は、三角測量科、地形測量科、地図作成科（写真施設付き）、写真測量科（1912年以降）から成っており、全部で260名以上の職員を擁し、他に数百名の補助員がいた。

陸地測量部の主な業務は、全国の三角測量、水準測量、縮尺1:25,000で毎年11,000平方km以上の地形測量、縮尺1:25,000と1:100,000、およびより小縮尺での地図作成であった。

1877年に設立されたプロイセン王国測地研究所（同時に1886〜1919年ヨーロッパ緯度測定局、また国際地球測定中央局）は科学的測地を担当し、ヨーロッパの緯度測定のためにプロイセン王国内で必要な作業を遂行した。

1883年、国際協定により、本初子午線が1634年以来続いていたフェロ島（カナリア諸島、グリニッジ西17度40分）からグリニッジ天文台に切り替えられた。

1877年から1915年までにプロイセン王国では縮尺1:25,000で

3,307面の平板測量、製図、刊行が行われた。

　1878年、ドイツ帝国を構成するプロイセン、ザクセン、バイエルン、ヴュルテンベルクの4王国は、プロイセン王国正式地図と同一の図式によって、縮尺1:100,000で帝国地図作成事業実施を取り決めた。その地図投影は多面体図法で、上記4王国のおのおのは、自国内の地図は独立に、国境部分の地図は最大面積の国家が担当し、図面番号は帝国内で統一的につけられた。全675面中、545面がプロイセン王国に割り当てられた。正規の1色図のほかに1899年から3色図も現れ、1914年から正規の地図4面を合わせた大判図も現れた。

　図5は、1880年発行1色銅版印刷の縮尺1:100,000の「ドイツ帝国地図1:100,000」のベルリン図幅の一部で、地形はケバで表現されている。

　プロイセン王国の測量・地図作成はその活動の重点を財政基盤上の理由から半世紀以上にわたって大縮尺による基礎図の作成に置かなければならなかった。ドイツ帝国への移行にともない種々の縮尺による概観図作成が必要となった。そこでプロイセン王国参謀本部はまず第一に1874年、ライマンの中央ヨーロッパを含む20万分1「ドイツの地形特製地図」[注3]の成果を取り入れた。当初ケバ表現34cm×23cmの地図342面で計画された地図作成事業であったが、最終的には中央ヨーロッパの110万平方kmについてケバ表現の529面が刊行され、1908年終了した。

　1888年、ライマンの地図の後継地図として、「1:200,00ドイツ帝国地勢図」（TÜDR 200）と「1:300,000中央ヨーロッパ概観図」（ME300）が、ほぼ同時期に正式地図事業として準備、編

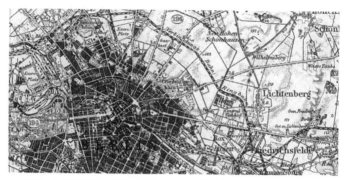

図5　1:100,000ドイツ帝国地図ベルリン図幅（部分）1880年 1色　SBB

図6　1:200,000地勢図ベルリン図幅（部分）　1907年　1色　SBB

集され、それぞれ1906年から刊行された。

　図6は1907年発行の20万分1地勢図ベルリン図幅の一部である。TÜDR 200の196面の計画された3色図のうち、第一次世界大戦終了までに180面が完成した。

　ME300は1色版と6色版で1914年までに101面完成し、さらに、およそ140面が応急的に作成された。この地図シリーズは第一次大戦後になって、国家陸地測量局とドイツ自動車連盟との共同で「ドイツ自動車地図」として発行されるようになった。

　既に第一次世界大戦前に、5色80面、緯度経度それぞれ4度区画の「1:80万ヨーロッパ・西南アジア概観図」の作業が1913年に始められ、迅速応急的な作成で、実質的に1915年から刊行された。この地図シリーズは、大戦後になって、国際地理学会提唱の「国際100万分1世界地図」作成に際し、ドイツ担当部分の資料として利用された。

　1918年、プロイセン王国は終わりを告げ、1919年、プロイセン王国陸地測量部は内務省に移管され、1921年、民事の国家陸地測量局 Reichsamt für Landesaufnahme となった。

あとがき

　ドイツへは、イタリアルネッサンスによる地図文化がアルプス山脈を越え、早くも1482年には南ドイツ、ウルムでプトレマイオスの世界地図帳が出版され、その後も1513年のヴァルトゼーミュラーによるシュトラスブルク版、1540年のミュンスターによるバーゼル版の新図つきのプトレマイオス世界地図帳の出版、16世紀後半のデュースブルクにおけるメルカトールの

活躍など、ライン川流域は16世紀における地図作成の先進地域であった。

17世紀前半の三十年戦争はドイツに政治的経済的文化的に大損害を与えた。17世紀後半になり、ブランデンブルクではフランスやドイツの他地域からの入植者を募り、国土開発、国力回復向上に努めた。18世紀初め、プロイセン王国となったが、東のロシア、南のオーストリア、西のフランスに比べまだ小さく、特にフリードリヒ大王治世中は軍事的配慮が強く出て、測地基準点測量なしの実用中心の地図作成が行われた。

19世紀になり、政府による近代的な地形図作成への努力が払われるようになり、陸軍参謀本部ができてからそれが本格化する。最初は手描きのケバ式の地形図であったが、フランス本土より早くから参謀本部で水準測量を行い、等高線式の地形図が作成されるようになった。

1875年、地形図先進国フランスより12年早く、地形図作成専門のプロイセン王国陸地測量部を設立し、基準点測量に基づいた等高線式の1:25,000地形図およびそれから派生したより小縮尺の地図の整備に努めた。

わが国から、田坂虎之助が1875年から1882年にかけて「量地学」ほかの勉学のためにドイツに留まったが、1870年代中頃の時点において、プロイセン王国は地形図作成において第一線に達しており、地形図作成機関の国内における評価位置付けは、参謀本部長モルトケの後押しもあり、プロイセン王国での方がフランスでよりも高く、体制が整っていたと思われる。

わが国の初期の陸地測量部においては、幹部には初代の小菅部長、関地形科長をはじめ、日本国内で明治初期にフランス陸

軍顧問団からフランス式地図の教育を受けた人が多かったが、参謀本部全体のドイツ指向と、近代地形図作成の骨格となる測地基準点測量ほかをドイツで7年間本格的に学んで来た田坂の影響により、ドイツ式地形図作成へと向かったものと思われる。

わが国の初期の陸地測量部へのドイツの影響は大きく、測量用語のほか、測地測量用機器は、ドイツのカール・バンベルヒ製が長く使われ、地図投影の多面体図法は第二次世界大戦後まで続いた。

わが国では、地形図の縮尺は、明治12（1879）年に全国測量の大綱が決定され、実測図は縮尺2万分1とされ、迅速測図はそれにより作成されたが、明治17（1884）年、地図課服務概則」により縮尺10万分1図を編集することとし、ケバによる地形表現の帝国図が東海地方で8面作成された[注4]。これは、図5の例に見られる「ドイツ帝国地図」の影響が考えられる。

同じく明治17（1884）年、陸軍参謀本部は「伊能図」を基礎に、内務省地理局の地形図などから編集する「輯成（輯製）20万分1図」の作成に着手した[注5]が、これもプロイセン王国陸地測量部によるライマンの「地形特製地図」作成と発想の類似を指摘することができる。

注

（1） わが国の陸地測量部が設立された1888年の時点において、地形図作成機関の名称は、イギリスの場合 Ordnance Survey、フランスの場合 Service Géographique de l'Armée、その1年前まで Dépôt de la Guerre で、その訳語は陸地測量部と大きく異なるのに

対し、ドイツ、プロイセンの場合 Koiglich PreuBische Landesaufnahme で、明治前半にわが国測量地図界に影響の大きかった上記3国のうち、プロイセンの Landesaufnahme の訳は陸地測量部そのものである。

（2） 三角点については、ドイツ語では現在通常 trigonometrischer Punkt が用いられているが、かつてはドイツ語圏内でも地域、時代によって異なっていたことが考えられる。下記参考文献3のp.118左欄下から7行目、プロイセン1817年の記述の中に Dreieckspunkt が見られる。なお、平板に対するドイツ語は Meßtisch である。

（3） 1806年地図室調査官ライマンにより開始され、1837年まで彼により続行され、その後、エズフェルト、フレミング書店、参謀本部地理統計課を経て、プロイセン王国陸地測量部が編集を譲り受けた縮尺1:20万地図。

（4） 下記参考文献4　p.338.

（5） 同上　pp.341-342.

文　　献

1　Kraus, Georg（1969）：150 Jahre Preußische Meßtischblätter. Zeitschrift für Vermessungwesen 94-4 pp.125-135.

2　Scharfe, Wolfgang（1989）：Gottlob Reymann und die Topographische Special-Karte von Deutschland. Kartographische Nachrichten 39-1 pp.1-10.

3　Staatsbibliothek zu Berlin（2000）：Berlin-Brandenbur im Kartenbild, p.248.

4　建設省国土地理院（1970）：測量・地図百年史．日本測量協会 p.673.

5　細井將右（2007）：プロイセン王国における近代地図作成、創価大学教育学部論集59号　pp.1-10.

第 2 章　プロイセン王国（ドイツ）における近代地図作成　159

ベルリン国立図書館北側入口　2013年 8 月24日　著者撮影

第3章

アグスチン・コダッシとベネズエラ・コロンビアの地図

はじめに

コロンビアの国土地理院相当の国立の基本図作成機関は、アグスチン・コダッシ地理調査所（Instituto Geografico Agustin Codazzi, 略称 IGAC）で、19世紀にベネズエラとコロンビアの地図作成に貢献した個人名を冠していることで、他の国の地図作成機関と異なっている。

アグスチン・コダッシ（Agustin Codazzi）は、19世紀、南アメリカ北部諸国の独立草創の頃に国家地図作成で活躍し、欧米の二三の百科事典に簡単な説明が見られる。

ここでは、アグスチン・コダッシのベネズエラ、コロンビアでの地図作成について見ることとする。

3-1　ベネズエラ、コロンビアの概要

ベネズエラ、コロンビアは南アメリカの北部にあり、面積はそれぞれ91万平方km、114万平方kmで、前者は産油国でOPECの創設以来の重要な構成メンバー、後者はコーヒーとエメラルドの国である。共に熱帯に位置し、アンデスなどの山地、オリノコ低地、さらにベネズエラではギアナ高地が主要な構成要素である。山地は急峻で、ベネズエラではボリーバル峰

5,002メートル、コロンビアではサンタマルタ山の双子のシモン・ボリーバル峰、クリストーバル・コロン峰5,775メートルが最高峰である。

低緯度で、低地は暑いので、港町を除き、大部分の都市は高原にある。ベネズエラの首都カラカスは海抜高度約900メートル、コロンビアの首都サンタフェデボゴダは海抜高度約2,600メートルの高原に位置している。日本と比べて居住地域の高度差が大きく、航空機と自動車が発達普及する前は、高度差による交通障害は日本と比べて格段に大きく、測量、地図作成の現地作業も上り下りが大きく、困難であったことが考えられる。

コロンブスによるアメリカ大陸発見を受けて、両国ともスペイン植民地であったが、19世紀初め、カラカスのシモン・ボリーバルほかによる独立解放戦争を経て、1819年、南アメリカ北部がコロンビアとして独立を宣言した。1830年、この大コロンビアからベネズエラ、エクアドルが分離独立し、残された中心部は独立前の名称、ヌエバグラナダとなったが、のちにコロンビアと改名し、現在に至っている。

3-2　アグスチン・コダッシによる地図作成

アグスチン・コダッシは、1793年7月、イタリア北部、ボローニャの近く、当時ローマ教皇領であったルゴで生まれた。イタリア名は Agostino Codazzi である。ナポレオンの盛時、ルゴは、ナポレオンを国王とするイタリア王国領となった。

1810年7月、アグスチン・コダッシはイタリア王国砲兵隊に志願し、パヴィアの砲兵理論実習学校に入学した。ナポレオンは砲兵戦術の改革を行い、その実施のために、フランス及びそ

の影響下の国に砲兵学校を設立した。パヴィアの砲兵理論実習学校は1803年の設立で、砲術と工学及びその基礎科目を教え、これには数学、測量、地図作成なども含まれていた。1813年、アグスチン・コダッシの属するイタリア王国軍はドイツ内を転戦した。

　1814年、パリ陥落、ナポレオンは退位し、ナポレオンのイタリア王国は消滅した。軍籍を離れたアグスチン・コダッシは、イタリア、ギリシャなどを遍歴した後、1817年アメリカへ渡り、砲兵として、メキシコや南アメリカ北部地域の独立のために働き、その功で、南アメリカ北部からボリビアまでの旧スペイン領植民地の解放者シモン・ボリーバルから大佐の位を与えられた。なお、ボリビアの国名はボリーバルから来ている。1826年、現在のベネズエラ北西部、マラカイボのあるスリア州の砲兵隊長として、海岸防衛の任に就いたが、ここで海岸の地図を作成した。

　1830年、独立達成後間もない大コロンビアは、ベネズエラ、ヌエバグラナダ（現在のコロンビア）、エクアドルの3国に分裂した。同年、ベネズエラ政府は全土の地図作成を決定し、その作業をアグスチン・コダッシに委託した。この作業の成果は1840年頃に ATLAS Físico y Político de la REPUBLICA de VENEZUELA『ベネズエラ共和国自然政治アトラス』として刊行された。コダッシは、10年間に国内を広く踏査し、フンボルトが観測した地点を参照して天文観測とクロノメーターにより、1,002地点の経緯度を決定し、気圧計を用いて高度測定を行い、メリダ山脈中の海抜4,580mと測定した峰を含む300の山峰、98の主要都市集落の海抜高度を表で示している。基準点の

第3章 アグスチン・コダッシとベネズエラ・コロンビアの地図 163

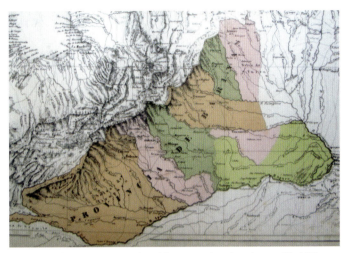

図1 『ベネズエラ共和国自然政治アトラス』の中のバリナス州の地図

測定値と行政用の既存の地図をも活用して、縮尺130万分の1程度で州別の地図を作成し、このアトラスに収めている。コダッシは、このアトラスの地図をパリ地理学協会 Sociéte de Géographie de Paris、さらにフランス科学アカデミーに提出し、好評を博したようである。なお、フランス科学アカデミーはその百年程前、地球の形を決定する目的で北欧ラップランドと南米エクアドルに弧長測量のために観測隊を派遣した。

図1は、『ベネズエラ共和国自然政治アトラス』の中のベネズエラ西部、ベネズエラアンデス南東麓のバリナス州の地図である。フンボルトによる同地域の地図より精確になっている。1度毎の経緯線、地名、起伏（斜照式ケバ・陰影）、水系、行政界、州都（Barinas）・郡都（Obispo, Pedraza など）・その他の集落、道路などを黒で表示し、郡別に色分けで図示している。

行政官としても活動し、1846年からは、バリナス州の知事を務めた。

ヌエバグラナダ政府は1839年、ヌエバグラナダ全土の地図作成を決定した。ヌエバグラナダ大統領は1849年、この作業をアグスチン・コダッシに委託することとして招請し、彼はヌエバグラナダに移った。作業の内容はヌエバグラナダの自然地理と政治地理の説明書、ヌエバグラナダ全図、ヌエバグラナダの歴史と地理を示す52の地図から成る自然政治アトラスを作成することであった。この作業を実施するために、地誌委員会が設置された。

この委員会は1850年にその作業を開始し、1859年までに10回の測量調査遠征を組織し、実行した。図2にコダッシの調査遠征隊、図3にコダッシの10回の調査行程図を示す。

その間、政情不安定で、1854年には軍事クーデターがあったが、彼は正統政府の復権に果たした功績により、将軍の位を授けられた。地図作成に好意的でない政権もあり、1859年、政府の支援の無かった第10回調査旅行中に北部の寒村エスプリトゥ・サント(現在のコダッシ)で病没した。この作業の成果は1856年に「ヌエバグラナダ諸州の自然政治地理」、没後1889年に全20図から成る「コロンビア(元ヌエバグラナダ)共和国アトラス」などの形でまとめられた。

図4は、1851年にコダッシが作成したMAPA COROGRAFICO de la Provincia de SOTO「ソト州地誌図」(縮小)で、首都サンタフェデボゴタの北方約300km付近である。原図縮尺は約40万分の1で、30分毎の経緯線、水系(青、黒)、起伏(斜照式陰影)、地名、州都(PIEDECURSTA)・郡都(Bucaramanga

第 3 章　アグスチン・コダッシとベネズエラ・コロンビアの地図　165

図 2　コダッシの調査遠征隊

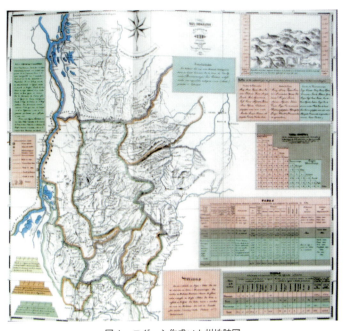

図 4　コダッシ作成ソト州地誌図

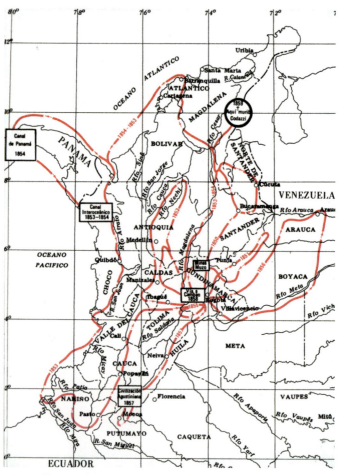

図3　コダッシのヌエバグラナダ（現コロンビア）調査行程図

など)・その他の集落、道路、州郡界などが表示されている。地図の周囲には凡例のほか、特記事項、山・水系・鉱産物の説明、都市間の距離表、郡別の統計表などが配置されている。

アグスチン・コダッシのすぐ前には、19世紀初め、近代地理学の創始者の一人とされるドイツのアレクサンダー・フォン・フンボルトによる、クロノメーター、経緯儀、水銀気圧計による位置・高度測定を伴った広域的な地図作成があり、その前には、スペイン人により地図の作成が行われていたが、コダッシによる地図は、ベネズエラとコロンビアが独立国となって、自らの政府の意思で全国規模で作成した最初の近代的な地図である。

3-3 ベネズエラに於ける地図作成機関

ベネズエラの2000年現在の国立地図作成機関は環境天然資源省の国立地理地図作成事業庁（Servicio Autónomo de Geográfia Nacional）で、1989年の政令で国立地図作成局（Dirección de Cartografia Nacional）から組織変更となった。1937年に大統領令で内務省国立地図作成事務所と公共事業省空中写真事業部が合体し、公共事業省国立地図作成局となり、1977年の機構改革で環境天然資源省に移管された。その前身の地図作成事務所、空中写真事業部の設立は、それぞれ1904年と1935年で、前者は文部省の機関として創設された。

測地、写真測量、基本図及び主題図作成、国境画定支援を行っているが、地図は、空中写真測量により1:25,000地形図（大部分藍焼き図）を作成し、これから編集して1:10万地形図（5色刷）、1:25万地形図（6色刷）（以上UTM図法）、等高線間隔

はそれぞれ20m、40m、80m、1:50万地図（以上切り図）を刊行している。他に1:100万、1:200万、1:400万の全国図やナショナルアトラス、さらに1:100万の航空図ほかを刊行している。

3-4 コロンビアに於ける地図作成機関

コロンビアの2000年現在の全国的な国立地図作成機関は、前述のように、アグスチン・コダッシ地理調査所（Instituto Geográfico Agustín Codazzi）略称IGACで、その前身は1935年に陸軍地理調査所（Instituto Geográfico Militar）として設立された。1940年に地籍調査も行うこととして大蔵省に移管され、1950年、その庁舎を大学都市（Ciudad Universitaria）隣接の現在の地に新築するに際し、アグスチン・コダッシの地誌委員会発足百周年を記念して、大統領令により現在の名称となった。陸軍地理調査所より前に、1902年、経度・国境事務所（Oficina de Longitudes y Fronteras）が設立され、天文観測等により、1910年から1925年までに1,000地点の位置・高度決定を行い、1925年から1:100万と1:200万の全国図、州別の1:50万地図を作成したが、1932年にペルーと国境紛争が生じ、国境地帯さらに全国土の地形図整備の緊急性が痛感され、陸軍地理調査所の設立となったものである。

IGACの業務としては、地形、軍用、農業、地籍地図の作成、土壌調査、国境問題支援、公共測量の管理などがあり、刊行物としては、空中写真、衛星画像、1:10,000（大都市）、1:25,000、1:5万、1:10万、1:20万、1:25万、1:50万の地形図類（以上切り図）のほか、行政、地勢、重力などのコロンビア全図、州別地図、都市地図、ナショナルアトラス（1992年に第4

版)、地域別地理調査報告、土壌調査報告、定期刊行物など地理学の研究所としてのものが多数あり、コロンビア学校地図帳、学校用の州別地図、学校用白地図帳なども刊行している。

文　献

1　Agustín Codazzi (1840): ATLAS Físico y Político de la REPUBLICA de VENEZUELA
2　Instituto Geográfico Agustín Codazzi (1993): 1793-1993 200 AÑOS DEL NATALICIO DE AGUSTIN CODAZZI HOMENAJE NACIONAL
3　R.B.パリー（正井泰夫監訳）(1990)：世界地図情報事典　原書房
4　細井将右 (1982)：ベネズエラの地図事情—過去と現在—「地図」20-1　pp.14-22.
5　細井将右 (1994)：アグスチン・コダッシとコロンビアの地図、創価大学教育学部論集　第36号　pp.67-78.
6　細井將右 (1996)：アグスチン・コダッシとベネズエラ・コロンビアの地図「地図情報」16-2　pp.16-19.

ベネズエラ共和国自然政治アトラスについて

まえがき

標記のアトラスはベネズエラ政府がアグスチン・コダッシに、1830年10月、独立直後に原図作成を委託、1840年9月パリ地理学協会、1841年3月にフランス学士院科学アカデミーでの審査評価を得て、パリで印刷製本された多色刷のアトラスである。

このアトラスについて、筆者はかつてベネズエラで得た資料を基に文献8で、新世界発見以降のベネズエラの地図作成の流れの中で略述したが、その後このアトラスを直接目にする機会があり、国家が作成するナショナルアトラスに類するものとして先駆的で優れたものであり、かつベネズエラ本国でも稀覯書であるので、このアトラスについて述べることとする。

4-1 標記アトラスとベネズエラ

標記アトラスとの関連でベネズエラの概況を説明する。

ベネズエラは南米大陸北端部にあり、北緯0°45'と12°12'、西経59°48'と73°12'の間に位置し、北半球の熱帯の国である。北はカリブ海に面し、東はガイアナ、南はブラジル、西はコロンビアと接している。国土の大部分は乾季と雨季のあるサバナ

気候の地域であるが、カリブ海沿岸には乾燥気候、南部のギアナ高地南部には熱帯雨林気候の地域があり、ベネズエラのアンデスたるメリダ山脈の最高峰ボリーバル峰5,002mの山頂部は雪線以上、氷雪気候相当で氷冠があり、その下にツンドラ気候相当のパラモの地帯がある。面積は現在約91万平方km、日本の約2倍半にあたるが、人口は1997年現在約2,300万人である。

地形的に、南からギアナ高地、オリノコ川平野（リャノス）、西から北東へ延びるメリダ山脈とその東への延長である海岸山脈、マラカイボ低地、マルガリータ島ほかの島峡部に大きく分けられる。ギアナ高地は安定陸塊で、鉄、アルミニウム、金、ダイヤモンド等の鉱産資源と水力資源に恵まれているが、全体としては現在でも未開拓である。標記アトラスの1840年の図ではグアヤナ州の大部分となっているが、現在はボリーバル州とアマソナス連邦領である。リャノスは農牧地域である。1840年の図ではアプレ州、バリナス州、カラボボ州南部、カラカス州南部、バルセロナ州、クマナ州南部、グヤアナ州北縁部である。メリダ山脈および海岸山脈は新期造山帯でときどき大地震に見舞われる。ここには、山間盆地やバレンシア湖などがあり、高度のせいで過ごし易いので首都カラカスや1830年の分離独立時に憲法制定会議が開かれたバレンシアほか多くの都市が立地し、政治および生活の場として重要である。1840年の図でカラボボ州北部、カラカス州北部、クマナ州北部などである。マラカイボ低地は農牧業も盛んであるが、現在はとりわけ石油が重要である。1840年の図でマラカイボ州、現在はスリア州である。

ベネズエラは、1498年、コロンブスの第三次航海のときに発

見された。彼はベネズエラ東部のバリア半島の南岸に上陸し、その後、マルガリータ島を発見した。翌1499年、アロンソ・デ・オヘーダに率いられ、ファン・デ・ラコーサやアメリゴ・ヴェスプッチも参加した遠征隊がベネズエラの東端から西端まで海岸を探査した。ベネズエラの地名は、このときの探査で、マラカイボ湖畔の原住民のインディオの水上集落がイタリアのヴェネツィアを連想させ、小ヴェネツィアの意で名づけられたと言われている。

1521年東部の海岸にクマナ市、1524年マルガリータ島にアスンション市、1527年西部の海岸にコロ市が建設された。1528年、神聖ローマ皇帝カール五世でもあるスペイン国王カルロス一世はベネズエラ地方の征服探検をアウグスブルグの銀行家ヴェルザー家に委託した。1546年まで、ドイツ人のアルフィンゲル、スピラ、フェデルマン、ホーエルムート、フッテン等がコロを拠点にして、黄金郷を求めて奥地へ探検遠征を行った。1556年、国王はこの委任を取り消した。1567年、海岸山脈中の盆地にカラカス、1568年、ヌエバ・サモラ、現在のマラカイボが建設された。海岸の都市は、フランス、イギリス、オランダの海賊達の襲撃にさらされた。

最初、ベネズエラはイスパニオラ島のサントドミンゴのアウデイエンシア（聴訴院）の管内であったが、1717年ボゴタを首都とするヌエバグラナダ副王領に編入された。1777年、国王カルロス三世は、現在のベネズエラとトリニダド島を治める総監府をカラカスに置いた。1786年、カラカスにアウデイエンシアが設置された。

18世紀後半に、植民地生まれの白人、クリオリョの間に啓蒙

第4章 ベネズエラ共和国自然政治アトラスについて 173

思想が浸透し、独立の気運が醸成された。1806年、フランシスコ・ミランダが独立運動を起こし、1810年4月10日、カラカス市議会が総監を追放、1811年7月5日、ミランダの政府はベネズエラの独立を宣言した。スペイン軍・王党派と、シモン・ボリーバルに率いられた独立派との間に激烈な攻防が続き、カラカスに成立した政府が2度倒されたが、1819年8月ボリーバル軍はコロンビア、ボゴタ北方のボヤカの戦いで、ヌエバグラナダ副王軍を打ち破り、同年12月、ボリーバルを大統領とし、現在のベネズエラ、コロンビア、エクアドル、パナマを合わせた領域をもつコロンビア共和国、大コロンビアが成立した。なお戦闘は続いたが、スペイン軍は、1821年カラカス西方バレンシアの近くのカラボボでの戦い、1823年マラカイボ湖での海戦に破れた。1824年、ボリーバルのコロンビア軍がペルーのアヤクチョで南米大陸に残る最後のスペインの大軍を打ち破り、南米の旧スペイン領地域が解放された。各地の実力者たちは地域割拠の傾向が強く、ボリーバルの統一連帯への努力にもかかわらず、1830年1月ベネズエラ、同年5月エクアドルが分離独立し、コロンビア共和国は解体した。独立後のベネズエラ内部でも実力者たちの権力闘争が行われたが、このアトラス作成の時期の大統領は、ベネズエラ共和国初代ホセ・アントニオ・パエス Jose Antonio Paez（1830-35）、ホセ・バルガス Jose M.Vargas（1835-37）、カルロス・ソウブレッテ Carlos Soublette（1837-39）であった。パエス大統領は1830年の地図作成の法令、1840年の地図印刷彫版の法令制定の時の大統領で特に地図の作成に熱心であったが、この間の他の大統領また議会もおおむね好意的だったようである。

図1 『ベネズエラ共和国自然政治アトラス』の内表紙

4-2 『ベネズエラ共和国自然政治アトラス』（ATLAS FISICO Y OLITICO DE LA REPUBLICA DE VENEZUELA）について

4-2-1 アトラスの仕様、構成と作成時期

 このアトラスは、地図や図表を印刷した縦56cm、横69cmの図葉を二つ折りにしたもの19枚（38ページ分）と、その前に扉（内表紙）1ページ（図1）、説明文8ページを収めたものである。

 扉には、上部に大きく書名、その下に著者アグスチン・コダッシ技術大佐から1830年制憲議会へ献呈カラカス1840とあり、下端に小さくパリのThierry兄弟石版印刷とある。説明

第4章　ベネズエラ共和国自然政治アトラスについて　175

文には、まずコダッシによる序言半ページ（約1000語）、目次半ページ、1830年10月の議会・大統領の地図作成の法令と1840年3月の議会・大統領の地図印刷の法令が合わせて半ページあり、その後パリ地理学協会でコダッシの提出したものを1840年9月4日に中央委員会事務局長ベルトロが報告したもののスペイン語訳2ページ半（約5000語）と、コダッシが提出したものをフランス学士院科学アカデミーで1841年3月15日にブサンゴー委員が報告したものの抜粋のスペイン語訳4ページ（約8000語）がある。製本は記載されていないが、科学アカデミーの報告の後、帰国前の1841年であろうと思われる。

　なお、このアトラスで使用されているスペイン語は現代の標準のスペイン語と比べると、sとx、アクセント記号の有無など若干表記法が違っている語があるが、違いはわずかである。

4-2-2　アトラスの作成経緯

　序言にこのアトラスの作成された経緯が述べられている。1828年、マラカイボ湖周辺のスリア州の砲兵隊長のとき、上官のホセ・カレニョ将軍からコロンビア政府に提出する州内の道路誌を作成するよう命じられた。そのとき、道路誌と同時に州地図を作成することを思いついた。そして両者を1828-1829年に仕上げた。1830年、ベネズエラはコロンビアから分離し、憲法制定議会が開かれたが、その議会でパエス大統領が既に完成していたベネズエラ西部の3つの州の地図を提示し、他の州についても同様の地図を作成することを提案した。法令が出され、地図作成が進められ、1838年にベネズエラ共和国全13州がそれぞれ縮尺の大きい地誌図と軍用道路誌、自然地理、統計の

詳しい情報を備えるに至った。これは立法府、行政府にとってよいことであるが、一般の教育には十分でないので1839年議会にベネズエラの一般図と自然地理的状況を示す主題図作成を提案し、承認された。

4-2-3 アトラスの内容

第1図葉　世界歴史地図　ラスカサスのアトラスから　1図
第2図葉　アメリカ歴史自然1840年現在政治地図　ラスカサスのアトラスから　1図
第3図葉　オリノコ川からユカタンまでのティエラフィルメの海岸地方図　ベネズエラの部分はコダッシ、他の部分はムニョスとナバレテのものから　1図
第4図葉　1810年以前のベネズエラ政治地図
　　　　　1840年のベネズエラ共和国政治地図　2図
第5図葉　流域区分されたベネズエラ自然地図
　　　　　3地帯区分されたベネズエラ自然図　2図
第6図葉　ベネズエラでの戦闘区　1812-14、1815-17、1819-19年　3図
第7図葉　ベネズエラ・ヌエバグラナダ・キトでの戦闘図　1819-20年　1図
第8図葉　ベネズエラ・クンディナマルカ・エクアドルでの戦闘図　1821-23年　1図
第9図葉　エクアドル・ペルー・ボリビア共和国での戦闘図　1図
第10図葉　コロンビア共同国州別区分地図　1図
第11図葉　カラカス州地図　1図

第4章　ベネズエラ共和国自然政治アトラスについて　177

第12図葉　マルガリタ州地図、クマナ州地図、バルセロナ州地図、グアヤナ州のピアコア郡地図　4図
第13図葉　マラカイボ州地図、コロ州地図、メリダ州地図　3図
第14図葉　カラボボ州地図、バルキシメト州地図、トルヒリョ州地図、バリナス州地図　4図
第15図葉　アプレ州地図、グアヤナ州カイカラ郡地図　2図
第16図葉　グアヤナ州ウパタ郡地図　1図
第17図葉　グアヤナ州アンゴストゥラ郡地図　1図
第18図葉　グアヤナ州リオネグロ郡地図　1図
第19図葉　山地高度図表、河川流長図表、州面積人口比較図表　3図

　なお、第4〜18図葉の地図はコダッシの作成によるものである。第6図葉から第9図葉までの原語図名は長いので割愛し、意訳のみとした。第11から第18図葉までの地図は、縮尺1：1,300,000ベネズエラ全図を分割したものである。

　上表で州としたものは、第10図葉は departamento、他は provincia、郡は cantón の訳である。

4-2-4　各図葉について

　アトラスの目次で見られるように、最初に世界全体の歴史地図、第2図葉に南北アメリカの歴史地図、第3図葉に南アメリカ北部の16世紀時点の原住民分布図、第4図葉にスペイン領時代の1810年と独立後の1840年のベネズエラ共和国地域の地図というように、ベネズエラ共和国成立までのヨーロッパ人から見た歴史をたどった後、ベネズエラの自然と土地利用、独立のた

めの戦闘を示した図、その結果として成立したコロンビア共和国の地図、ベネズエラ各州の地図、最後にベネズエラの山地・河川・州の統計図表の順となっている。

第1図葉の世界歴史地図は、黒、薄赤、オレンジ、黄、緑、薄青の6色刷で、間宮海峡に相当する海峡が描かれている。歴史と自然の地図で、地球の大きさ・大陸別の面積・人口・探検史・高山の海抜高度などの説明のほか、海陸・山脈・河川の分布は地図作成時の知識に基づいた最新のものであるが、ヨーロッパ文明の源である地中海周辺の古代ローマ人の往来したような世界の領域をそれとして線で囲み、大航海時代のマジェランの世界周航ルートを描き、説明を加えている（図2）。

平射図法による両半球図であるが、欧米中心の大西洋でなく、おそらくマジェランの世界周航を示すために太平洋が中心

図2　世界歴史地図

第 4 章　ベネズエラ共和国自然政治アトラスについて　179

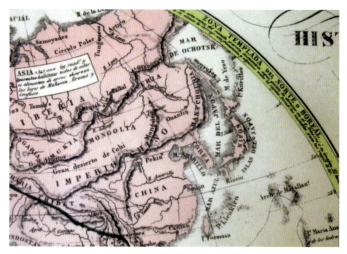

図 3　世界歴史地図の日本周辺部分

になっている。

　この地図は、コダッシの目次では、ラスカサス Las Cassa の アトラスからとなっているが、ラスカサスの名は当時の著名な アトラスには見当たらない。おそらくスペインに近い南仏ラン グドック出身のフランス海軍士官エマニュエル・ラスカーズ ELas Cases がフランス革命の際、反革命軍で戦い、敗れてロ ンドンに亡命中に、Le Sage の名で著した『歴史年代地理系譜 アトラス』Atlas historique, chronologique, géographique et généalogique によるものではないかと思われる。このアトラ スは好評で、ナポレオンの目にもとまり、ラスカーズが招かれ て皇帝侍従となり、ナポレオン没落後はセントヘレナ島に随行 し、ナポレオンの没後、『セントヘレナの回想』8 巻を出版し た。

図4　1840年代のベネズエラ共和国政治地図

　この地図には、日本の周辺では間宮海峡に相当する海峡が描かれている。間宮林蔵の海峡横断は1809年、高橋景保の『新訂万国全図』の作成が1810年であるが、日本の島の形については『新訂万国全図』の知識もはいっており、当時の新しい知識が盛られている（図3）。

　第2図葉の、アメリカ歴史自然1840年現在政治地図は、縮尺1：32,000,000で黒、赤、薄赤、オレンジ、黄、薄緑、薄青の多色刷である。南北アメリカ大陸がサンソン図法で描かれている。第1図葉と同じくラスカサスのアトラスからとなっているが、ラスカーズのアトラスをベースにして1840年現在の国境を入れたものと思われる。コロンブス、バルボア、コルテス、ピサロの進路が表示されている。

　第3図葉のオリノコ川からユカタンまでのティエラフィルメ

第4章　ベネズエラ共和国自然政治アトラスについて　181

図5　流域区分されたベネズエラ自然地図

の海岸地方図は、縮尺1：4,600,000で黒、薄赤、黄、緑、薄青の多色刷である。南米大陸北部のベネズエラの部分にヨーロッパ人到来以前の原住民部族の居住地域がコダッシにより示されている。コロンブスは最初の2回の航海ではカリブ海付近の島々を発見探検したが、大陸に初めて上陸したのは第3回航海でベネズエラ東部に上陸したときで、スペイン語で堅固な土地を意味する Tierra Firme が初期に南アメリカ北部などに対し用いられた。

　第4図葉には独立以前の1810年と独立後作成時現在の1840年のベネズエラの行政区分地図が収められている。縮尺はともに1：5,400,000。黒、薄赤、オレンジ、黄、薄緑の多色刷である。

　1810年には北部に、カラカス、クマナ、マルガリタ、マラカイボ、バリナス、南部にグアヤナ、合わせて6州であったが、

図6　三地帯に区分された自然地図（部分）

1840年の図では、首都のあるカラカス州、東北部のマルガリタ州、クマナ州、バルセロナ州、西北部のマラカイボ州、コロ州、メリダ州、カラボボ州、バルキシメト州、トルヒリョ州、バリナス州、アプレ州、南部のグアヤナ州の大小の計13州に細分されている（図4）。

現在の領域と比べると、東部で現在はガイアナ共和国に含まれている部分があり、西部ではコロンビア共和国に含まれている部分がある。

第5図葉には、流域区分自然地図と土地利用区分地図が収められている。縮尺はともに1:5,400,000である。

前者は、図5の流域区分されたベネズエラ自然地図で、山地（陰影ケバ）と水系を示す基図の上に、国土の大部分を占めるオリノコ川流域（薄緑）、南部のアマゾン川支流のネグロ地域（薄

赤)、東部のガイアナに流れ下るクユニ川流域（薄青）、バリア湾流域（薄赤）、北部のカリブ海流域（黄）、西北部のマラカイボ湖流域（薄赤）を色分けで示した主題図である。

　オリノコ川は特異な川で、源流はギアナ高地西斜面を西へ下るが、途中南西へカシキアレ川を分岐し、本流はその後北西から北、さらに東へと向きを変えてギアナ高地の北を回って大西洋に注ぐ。南西へのカシキアレ川はネグロ川に合流し、ギアナ高地の南側を進み、マナウスでアマゾン川に合流する。

　このように山地で分岐する川は世界的にも珍しく、近代地理学の創始者の一人フンボルトの研究の対象の一つとなった。流域の概念が初めて唱えられたのは18世紀半ばフランスのビュアシュP.Buacheによってであり、流域区分図は、地形、水系の調査がかなり進まないとできない。当時のベネズエラではまだ未踏査の地域もあり、現代のナショナルアトラスと対照すると、山地では河道の位置がずれている箇所がいくつか認められるが。国境画定にからむ問題でもあり、国土の状況の把握に意欲的である。

　後者は、前者と同じ基図の上に、耕地（バラ色）、草地・牧場（黄）、森林（薄緑）に区分して示した主題図である（図6）。耕地は凡例ではバラ色（color rosado）となっているが、変色のせいか原図では赤〜紫となっており、まだ少ないが、北部でバレンシア湖周辺など海岸山脈中の盆地、山麓部の河川沿い、南部のネグロ河沿いなどにところどころ分布しているのが認められる。草地・牧場と森林の色分けは色の違いが小さいが、草地・牧場はリャノスの平原地域、森林はギアナ高地やオリノコ川の広大な三角州、アンデス山脈、海岸山脈などで広く見られる。

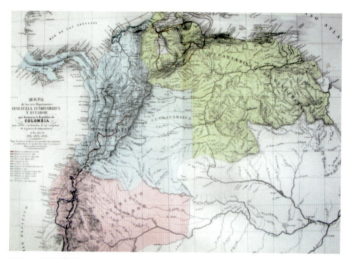

図7　第8図葉　ベネズエラ、クンディナマルカ、エクアドルの戦闘図　1821-23年

　第6図葉から第9図葉までは、1812年から1824年まで、スペインからの独立を求めての戦闘図で、基図の上に各軍の進撃ルートが描かれている（図7）。戦史研究の資料として役立つことが想定されている。このとき、ベネズエラの牧童たちは、カラカス生まれの解放者シモン・ボリーバルの指導の下、ベネズエラからボリビアまでの地域で戦い、独立まで高ペルーAlto Peruと呼ばれていたボリビアの国名はボリーバルに由来している。

　第6図葉の3図は、ともに縮尺1:5,400,000の第5図葉と同じ基図の上に、ボリーバル、パエス、モリニョほかの軍の進路が描かれている（図7）。

　第7図葉、第8図葉の戦闘図は、ともに縮尺1:5,350,000の山地、河川を示した基図の上に、ボリーバルほかの進路を描いた

第4章 ベネズエラ共和国自然政治アトラスについて 185

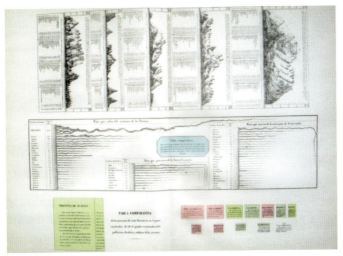

図8 第19図葉 山地高度河川の流長州の面積人口

多色刷の地図である。第7図葉の図名の中のヌエバグラナダは現在のコロンビア、キトはエクアドル、第8図葉の図名の中のクンディナマルカは現在のコロンビアの地域を指す。

　第9図葉の地図は、縮尺1：5,400,000の基図の上にコロンビア軍の進路が描かれている。

　第10図葉は、縮尺1：5,300,000、地形（陰影ケバ）、河川を示す基図の上に州別色分けの地図で、このコロンビア共和国は現在のベネズエラ、コロンビア、パナマ、エクアドルの地域を領域とした国である。ベネズエラの部分には、ギアナ高地とリャノスの大部分を含むオリノコ州、カラカスを中心とするベネズエラ州、マラカイボ湖周辺のスリア州の3州があり、他にボヤカ、ボゴタのあるクンディナマルカ、マグダレナ、カウカ、アスアイ、キトのあるエクアドル、グアヤキル、地峡（パナマ）

の諸州がこのコロンビア共和国に含まれている。このコロンビアから1830年にベネズエラ、エクアドルが分離独立した。

第11図葉から第18図葉までは、州別あるいはグアヤナ州の郡別の地図で、縮尺1:1,300,000、1度毎の経緯線、地形（陰影ケバ）、河川、道路を標示した基図の上に、郡別の色分けが行われている。

第19図葉は、地図ではなく、上段から、ベネズエラの山地の高度図表、河川の流長図表、州の面積人口図表となっている（図8）。

あとがき

このアトラス作成は独立直後のベネズエラ国自らの意志による国家地図作成事業であり、それまでの植民地宗主国や研究者、地図出版社による地図作成作業とはその点で異なる。また、はじめに述べた通り、主題図も含み、ナショナルアトラスに類するものとして先駆的なものである。

新国家建設にはまず国土状況の把握が必要であり、明治初期の地誌編纂事業、奈良時代の風土記編纂事業も同様の動機によるものと思われる。当時の面積110万平方km余、人口約945,000（ともにコダッシによる）の新生国家の国造りに際して、国土の把握、国家統一のアイデンティティを高めるという効用と、既存資料が少なく地方では叛乱も起こっていた困難な状況の中で仕上げられたということで、このアトラスは高く評価されるべきものであろう。

本稿はベネズエラ国立地図局 Cartografia Nacional 元職員で文献6の現代のナショナルアトラスの作成に中心的役割を果た

したLourdes Rivero氏所蔵のものに依拠した。ここに記して感謝の意を表する。

文　献

1　Codazzi, A.（1841）：Atlas Físico y Político de la República de Venezuela（Lourdes Rivero氏所蔵）
2　American Geographical Society（1933）：Catalogue of Maps of Hispanic America Vol.3.
3　Dirección de Cartografía Nacional, Venezuela（1971）：Atlas de Venezuela.
4　同上（1976）：La Cartografía en Venezuela
5　José Luis Arocha Reyes（1978）：Fundamentos de Cartografía
6　Dirección de Cartografía Nacional, Venezuela（1979）：Atlas de Venezuela 1979
7　Espasa Calpe（1930）：Enciclopedia Universal Ilustrada
8　細井将右（1982）：ベネズエラの地図事情―過去と現在―「地図」20-1　pp.14-22.
9　同上（1989）：フンボルトンによるオリノコ川流域の地図「地図」27-1　pp.27-34.
10　同上（1994）：アグスチン・コダッシとコロンビアの地図、創価大学教育学部論集　第36号　pp.67-78.
11　同上（1996）：アグスチン・コダッシとベネズエラ・コロンビアの地図「地図情報」16-2　pp.16-19.
12　同上（2001）：『ベネズエラ共和国自然政治アトラス』について、創価大学教育学部論集　第52号　pp.57-69.

細井將右（ほそい　しょうすけ）

略歴
1936年　香川県生まれ。
1959年　東京大学理学部地学科地理学課程卒業。
1961年　東京大学数物系大学院地理学課程修了。
1961年より　建設省土木研究所及び国土地理院にて河川、地形、湖沼、水利用、土地利用等に関する調査研究、フランス国土地理院・パリ大学へ留学、そのほか、科学技術庁、経済企画庁、建設大学校、海外技術協力のためベネズエラ環境天然資源省で勤務、駒澤大学非常勤講師など。
1989年より　創価大学教育学部教授。
2008年　同大学退職、同大学名誉教授。

日本の近代地形図の始まり
―明治前期フランス地図測量技術の導入とその後―

2018年12月25日　初版第1刷発行

著者　細　井　將　右

発行者　風　間　敬　子

発行所　株式会社　風　間　書　房

〒101-0051　東京都千代田区神田神保町1-34
電話 03(3291)5729　FAX 03(3291)5757
振替 00110-5-1853

印刷　藤原印刷　　製本　井上製本所

©2018　Shosuke Hosoi　　　　　　　　NDC分類：290
ISBN978-4-7599-2233-2　　Printed in Japan

JCOPY〈(社)出版者著作権管理機構　委託出版物〉
本書の無断複製は、著作権法上での例外を除き禁じられています。複製される場合はそのつど事前に(社)出版者著作権管理機構（電話03-3513-6969, FAX 03-3513-6979, e-mail:info@jcopy.or.jp）の許諾を得て下さい。